Deutschlands Hauptbahnen

DB
218 183-2

Linke Seite: Mit der Eröffnung der Verkehrsverbindung über den Großen Belt verlor die Vogelfluglinie im Herbst 1997 ihre einstige Bedeutung als Hauptverbindung im Skandinavienverkehr. Zuvor beförderten die in Flensburg stationierten Dieselloks der Baureihe 218 nur wenige internationale Güterzüge auf der Kursbuchstrecke 131 Flensburg – Hamburg. In Schleswig beschleunigt am Morgen des 25. Juni 1986 die 218 183 nach einer Überholung den Dg 45 707 Padborg – Maschen. Foto: Dietmar Beckmann
Oben: Im Kieler Hbf steht am 13. Februar 1984 der E 3659 aus Husum als letzte Tagesverbindung nach Lübeck abfahrbereit auf Gleis 4. Bis auf den nicht täglich eingesetzten Umbauwagen hinter der 220 075 bestand der Zug aus einer Garnitur yl-Mitteleinstiegswagen der Baujahre 1951 bis 1954. Nachdem die planmäßigen Einsätze der V 200 zum Fahrplanwechsel am 2. Juni 1984 endeten, wurde die Lok am 23. Juni 1984 z-gestellt und am 31. Oktober 1984 ausgemustert. Foto: Matthias Niedenbrück

In dem ab dem 30. Januar 1984 gültigen Umlaufplan der in Lübeck stationierten V 200 waren werktags sieben und sonntags fünf Maschinen vorgesehen. Dabei erreichten sie nicht nur planmäßig die Wendebahnhöfe Cuxhaven, Stade, Hamburg, Lüneburg, Bad Segeberg, Travemünde Strand, Kiel und Bad Harzburg (mit dem bekannten Zugpaar E 3217/3220). Am 13. Mai 1984 steht in Neustadt/Holstein (KBS 140, Puttgarden – Hamburg) die 220 031 mit dem täglich außer samstags verkehrenden E 3475 nach Lübeck zur Abfahrt bereit. Foto: Matthias Niedenbrück

Der EuroCity 91 „Prinz Eugen" bummelt am 13. Juni 1988 noch in gemütlicher Fahrt über die Gleise der Hansestadt Hamburg. In frischen Farben glänzt an der Zugspitze die 120 112. Am S-Bahn-Haltepunkt HH-Sternschanze (KBS 101.31, Altona – Hamburg Hbf. – Neugraben) bilden das Reiterstellwerk, die elektrischen Weichenantriebe mit Laterne und der städtische Wasserturm die Kulisse für den EuroCity. Auf seinem weiteren Weg nach Wien-Westbahnhof wird der Zug den ersten Neubaustreckenabschnitt zwischen Fulda und Würzburg benutzen. Foto: Peter Bäuchle

Der Bau der Eisenbahnverbindung Lübeck – Bad Kleinen – (Schwerin) oblag bis 1868 der Lübeck-Kleinener Eisenbahn-Gesellschaft. Nach Zahlungsschwierigkeiten übernahm das Land Mecklenburg-Schwerin den Weiterbau und übereignete die Bahn 1873 der Mecklenburgischen Friedrich-Franz-Eisenbahngesellschaft.
Von Umbaumaßnahmen ist der Bahnhof Grevesmühlen (KBS 150, Lübeck – Schwerin) bislang verschont geblieben. Der Treppenaufgang der Bahnsteigunterführung präsentiert sich am 3. Mai 1995 als Kleinod, während die 232 499 mit dem E 3651 Lübeck – Bad Kleinen auf dem Gleis 3 zum Stehen kommt. Foto: Gerhard Bank

In Mecklenburg sind auf der Kursbuchstrecke 160 Schwerin – Rostock die Lokomotiven der Baureihe 218 mittlerweile heimisch geworden. Den RE 3677 Kiel – Rostock befördert am 28. Juni 1997 die 218 330. Blankenberg hat 1998 seine Funktion als niveaufreier Kreuzungsbahnhof mit der Einstellung des Reiseverkehrs auf der Kursbuchstrecke 156 verloren. Im Bahnhof der ehemaligen Wismar-Karower Eisenbahn-Gesellschaft warten bereits die RegionalBahnen 16990/16991 auf die Weiterfahrt nach Wismar beziehungsweise Sternberg. Foto: Ulrich Wehmeyer

Zu den Zügen der besonderen Art gehörte das Zugpaar D 1110/11 „Csardas" Budapest – Malmö. Ohne Eintrag im amtlichen Kursbuch 1997/98 verkehrte der aus je einem Liege- und Schlafwagen gebildete internationale Schnellzug auf den Gleisen der DBAG. Lediglich drei Betriebshalte erfolgten in Dresden, Berlin und Stralsund für den Personal- und Lokwechsel. Aufgrund einer Streckensperrung erreichte der D-Zug mit gut zweistündiger Verspätung am 21. August 1997 den alten Fährhafen Sassnitz (KBS 195). Da hier niemand mehr mit seiner rechtzeitigen Ankunft gerechnet hatte, war das Fährschiff bereits mit Güterwagen beladen worden. So herrschte an diesem Morgen hektisches Treiben, für den Verschub im Bahnhof ist die Regina 22 alias 298 310 zuständig. Das mittlerweile ungeduldige Schiffspersonal der Trelleborg ließ seinen Unmut über die verlorene Zeit mit dem Signalhorn der Fähre freien Lauf. Foto: Oliver Austen

Deutschlands größte Insel Rügen ist durch den Strelasund vom Festland getrennt. Erst seit der Eröffnung des Rügendamms im Jahre 1936 besteht der direkte Anschluß an das europäische Eisenbahnnetz. Dabei verbindet die klappbare Ziegelgrabenbrücke Stralsund mit der dem Festland vorgelagerten Insel Dänholm. Nachdem die 143 630 mit der RB 4061 Stralsund – Sassnitz (KBS 195) am 22. Juli 1997 die kleine Insel passiert hat, geht es über den Rügendamm auf die Insel. Die markante Silhouette der Hansestadt Stralsund mit der Marienkirche, der Jacobikirche und der Nicolaikirche bildet den Hintergrund für diese Aufnahme. Foto: Berthold Vatteroth

Oben: Die von der Mecklenburgischen Eisenbahngesellschaft gebaute Kursbuchstrecke 175 Bützow – Güstrow feiert am 13. Mai 2000 ihr 150jähriges Jubiläum. Die Eisenbahn folgt dem Verlauf des Bützow-Güstrow-Kanals, den bei Zepelin eine alte Drehbrücke überspannt. Bereits mit dem neuen Logo der DB AG ausgerüstet, ist am 8. Mai 1994 die 143 166 mit dem N 4312 auf dem Weg von Neubrandenburg nach Schwerin. Foto: Gerhard Bank

Rechte Seite: Die sich abzeichnende Demontage der Doppeltelegrafenleitung auf dem Streckenabschnitt Teterow – Malchin gab den Anlaß, diesen zu besuchen. Aufgrund eines Planlagenfehlers stellte sich die Aufnahme der zuerst abgelichteten Doppeleinheit 628 im nachhinein als technisch unbrauchbar heraus. Zum nachfolgenden Zug erschien die „Wolke vom Dienst“ pünktlich. Während die umliegenden Rapsfelder in leuchtendem Gelb glänzten, ertrank der Zug im Schatten der unliebsamen Himmelserscheinung. Gut vier Wochen später erfolgte die erneute Anreise an die Ostsee. „Aller guten Dinge sind drei“, leider gefehlt, mein nervöser Zeigefinger vereitelte ein übriges. Am 30. Juni 1995, als die 232 688 mit der RB 5318 Neubrandenburg – Güstrow bei Teterow (KBS 175) westwärts eilt, hat es doch ein „Happy-End“ gegeben. Foto: Gerhard Bank

DB

232 314-5

Linke Seite: Der Fahrplan 1997/98 wartete mit einer angenehmen Abwechslung im täglichen Einerlei der Deutschen Bahn auf. In diesem Zeitabschnitt wurden im Regionalverkehr zwischen Stettin und Angermünde (KBS 206.66) polnische Reisezugwagen eingesetzt. Die RB 5927 erreicht am 14. Mai 1998 alsbald Casekow. Foto: Gerhard Bank

Oben: Ein kontinentales Festlandhoch mit einer „steifen Brise“ aus Nordost bescherte im Osten Deutschlands am 13. Mai 1998 einen stahlblauen Himmel und angenehm moderate Temperaturen. Der Güterverkehr zwischen Angermünde und Stettin wird alternativ zur Kursbuchstrecke 206.66 auch über Pasewalk (KBS 203) und Grambow (KBS 191) geleitet. So sorgt zu vorgerückter Abendstunde die Angermünder 232 445 in frischem „Cargo Outfit“ mit ihrem Kesselwagenzug überraschend für ein gelungenes Foto zum Tagesabschluß. Bei Petershagen/Uckermark rauscht der Güterzug seinem nahen Ziel Angermünde entgegen. Foto: Gerhard Bank

ST44-416

Linke Seite: Im grenzüberschreitenden Verkehr mit Polen gelangte am 8. September 1988 die im Depot Sagan beheimatete und vorbildlich gepflegte „Wumme" ST 44 416 nach Forst (KBS 206.46). Foto: Gunter von Hartwig

Oben: Klirrende Minusgrade sind am 30. Dezember 1985 Ursache für eine den Temperaturen entsprechende Dampfentwicklung der 52 8098. Auf dem Weg nach Falkenberg hat der Güterzug soeben im Bahnhof Herzberg/Elster (KBS 204) die Durchfahrt erhalten. Typisches Erkennungsmerkmal vieler Reichsbahnstrecken ist das nach 1945 als Reparationsleistung demontierte und nicht wieder aufgebaute zweite Gleis. Foto: Andreas Burger

Links: Im Bereich der Museumsinsel schlängelt sich auf der Berliner Stadtbahn der ICE 846 „Friedrich Harkort" Berlin Ostbahnhof – Bonn am 18. Oktober 1998 zwischen Bode- und Pergamon-Museum hindurch. Die Szenerie ist bei weitem nicht mehr so „ostalgisch" (siehe auch Reichsbahn-Nostalgie, Frankh-Kosmos Verlag 1995) wie in früheren Zeiten. Von den unterhalb gelegenen Räumlichkeiten haben Boutiquen und Gastronomie Besitz ergriffen. Recht gemütlich kann man hier nicht nur Berliner Nationalgetränke genießen, während gelegentlich die Eisenbahn mit dumpfem Dröhnen über einen hinwegrollt. Foto: Bernd-Oliver Sydow

Rechte Seite: Der Fahrplanwechsel zum Sommer 1998 war in Berlin von der Wiedereröffnung der Stadtbahn zwischen den Bahnhöfen Zoologischer Garten und Ostbahnhof geprägt. Als Mega-Flop erwies sich der Versuch, auf einen Schlag 360 Züge pro Tag über diesen Abschnitt zu leiten. Das durch zahllose Verspätungen und Ausfälle gekennzeichnete Chaos dürfte vielen Reisenden noch in Erinnerung sein. Nunmehr elektrifiziert, ergeben sich mitunter recht interessante Zugkompositionen. So ist der EuroCity-Verkehr von Berlin nach Polen fest in der Hand der Baureihe 180. Der EC 45 „Paderewski" nach Warschau hat am 22. Juli 1998 den S-Bahnhof Jannowitzbrücke passiert und wird in wenigen Augenblicken im Berliner Ostbahnhof einlaufen. Foto: Bernd-Oliver Sydow

Scheinbar verschlafen liegt der Bahnhof Mahlwinkel an der Kursbuchstrecke 305 Wittenberge – Magdeburg. Ob das schmucke Backsteingebäude zum 150jährigen Streckenjubiläum am 7. Juli 1999 in altem Glanz erstrahlt? Sinn für Geschmack und Architektur haben die Verantwortlichen der Magdeburg-Wittenbergeschen Eisenbahn-Gesellschaft auf jeden Fall bewiesen. Der am 15. Mai 1998 von der 112 175 gezogene IR 2635 Lübeck – Cottbus stört nur für wenige Augenblicke die Mittagsruhe. Einen Zug zu spät ist lediglich der Fotograf gekommen. Foto: Gerhard Bank

Nur zwei Reisezüge benutzen seit dem 24. Mai 1998 den Abschnitt Barby – Güsten der Kursbuchstrecke 258. Täglich, ohne Verkehrshalt und Eintrag im Kursbuch, verkehrt das IR-Zugpaar 2646/47 „Brocken“ Berlin-Lichtenberg – Aachen – Berlin-Lichtenberg. An Samstagen, Sonntagen und Feiertagen ergänzen die „Ausflugsregionalbahnen“ RB 5641 und 5648 Berlin Ostbf. – Wernigerode – Berlin Ostbf. das armselige Beschäftigungsprogramm für Eisenbahner. Zu fotogener Tageszeit ließ sich kurz zuvor am 16. Mai 1998 die RB 5628 an der Blockstelle Rathmannsdorf/Kr. Staßfurt ablichten. Foto: Gerhard Bank

Oben: Die im östlichen Harzvorland weitgehend erhalten gebliebenen Eisenbahnanlagen bieten noch ein abwechslungsreiches Betätigungsfeld. Ein wolkenreicher Tag verabschiedet sich mit leuchtenden Farben, als die 232 674 am 20. Oktober 1998 mit der RB 6512 Frose (KBS 330, Halle – Halberstadt) erreicht. Foto: Wolfgang Herdam
Rechte Seite: Am 29. Oktober 1998 mußte die mittägliche Übergabe Halberstadt – Aschersleben im Bahnhof Nachterstedt-Hoym die Kreuzung mit dem RE 3778 Halle – Goslar abwarten, bevor die Halberstädter 202 242 die Weiterfahrt an diesem stürmischen Herbsttag fortsetzen konnte. Foto: Wolfgang Herdam

202 242-4

232 283-2
68
8

Linke Seite: Da lacht das Herz des Fotografen: Durch die bunt blühende Frühlingslandschaft eilt am 14. Mai 1998 der RE 3526 Magdeburg – Thale (KBS 331, Halberstadt – Thale) bei Ditfurt seinem nächsten Zwischenhalt entgegen. Foto: Wolfgang Herdam

Rechts: Bis zum Anfang der neunziger Jahre erreichte der Fernreisende von Thale (KBS 331) aus die Reiseziele Stralsund und Berlin, ohne umzusteigen. Bescheidenheit übt dagegen der Fahrgast im Jahr 1998, denn die verkehrenden RegionalBahnen oder der -Express verkehren ausschließlich bis zum Wendebahnhof Magdeburg. Am Hausbahnsteig steht am 16. Mai 1998 die 219 068 mit dem RE 3529 zur Rückfahrt nach Magdeburg bereit. Foto: Wolfgang Herdam

Die Magdeburg-Halberstädter Eisenbahngesellschaft eröffnete am 15. Oktober 1871 den Streckenabschnitt Aschersleben – Sandersleben – Könnern (Könnern – Halle am 1. Oktober 1872). Zum Ende des zwanzigsten Jahrhunderts ist hier die heutige Kursbuchstrecke 330 Halberstadt – Halle von erheblichen Umbaumaßnahmen betroffen.

Oben: Als am 16. Mai 1998 die 232 679 mit der RB 6514 Halle – Halberstadt Belleben verläßt, ist die Modernisierung des Bahnübergangs für 1999 bereits beschlossen. Die Nachfolge des Schrankenpostens wird eine EBÜT-80-Anlage antreten.

Rechte Seite: Während im Bahnhof Könnern die Umbaumaßnahmen in vollem Gange sind, ist von diesen am 18. Mai 1998 an der westlichen Bahnhofsausfahrt scheinbar nichts zu sehen. Die Fundamente für die zu installierenden Lichtsignale sind jedoch ausgehoben, als die 232 520 mit dem RE 3774 Halle – Goslar die alte Malzfabrik hinter sich läßt. Fotos: Gerhard Bank

DB
232 520-7
29
2
Signal-
Fernsprecher

Seine Aufmerksamkeit schenkt am 19. September 1987 der Stellwerker in Dodendorf (KBS 315, Magdeburg – Halberstadt) dem durchfahrenden Nahgüterzug nach Blumenberg. Mit erhobener Hand grüßt er die Mannschaft der 50 3705. Die Kraftanstrengung des Halberstädter Dampfrosses ist im morgendlichen Dunst nicht zu übersehen. Bereits ein Jahr später haben die Halberstädter Dampfloks das Rauchen leider eingestellt. Foto: Michael Krolop

Ein Ausgangsstoff für die Produktion von PVC ist unter anderem Anhydrit. Für den Transport dieses wichtigen Rohstoffes beschaffte die DR 1953 und 1961 die vierachsigen Spezialwagen der Bauart KKt 22/Takkll (0673). Die Weiterverarbeitung des ausschließlich in den Tagebauen um Niedersachswerfen geförderten Gesteins erfolgte in den Buna-Werken bei Merseburg. Die Selbstentlader waren in Niedersachswerfen beheimatet und generell nur in Ganzzügen eingesetzt. Gemeinsam mit der nachschiebenden 44 0678 müht sich die 44 0164 mit dem „Gipser" am 20. Mai 1981 bei Sangerhausen (KBS 590, Nordhausen – Halle) den Riestedter Berg hinauf. Foto: G. Tscharn

Links oben: Nur der Schnee auf den Schienenköpfen verrät, daß die 109 024 im Güterbahnhof Halle am 23. Februar 1993 als Heizlok und Ladestation für die wegen Lademaßüberschreitung abgestellten 16 Görlitzer Steuerwagen fungiert. Das Dachgeschoß der Waggons ragte auf einigen Streckenabschnitten zunächst über das Regellichtraumprofil hinaus. Die uneingeschränkte Verfügbarkeit war somit bis zur Behebung der festgestellten Unstimmigkeiten nicht gewährleistet. Foto: Heiko Heisig

Links unten: Zu Beginn des Jahres 1995 kehrten die 109 043, 109 048, 109 070 sowie die 109 089 aus Mecklenburg und Leipzig nach Halle zurück, wo sie in einem dreitägigen Umlaufplan einschließlich der Reservemaschine zu neuen Diensten gelangten. Am Abend des 19. Januar 1995 bespannt die 109 043 den N 8224 von Großkorbetha nach Halle. Zur Luftverschmutzung in Merseburg leisten die Industrieanlagen einen unübersehbaren Beitrag. Foto: Heiko Heisig

Rechte Seite: Reichsbahnalltag in Klostermansfeld (KBS 355) am 31. Mai 1991: der P 16244 wird an diesem Tag pünktlich um 9.48 Uhr seine Reise nach Wippra (KBS 337) antreten. Zwei Damen schlendern, sichtlich in einer Unterhaltung begriffen und in Begleitung des „Rotkäppchens", den Bahnsteig entlang. Von heutigen Arbeitsplatz- und Alltagssorgen ist man Anfang der neunziger Jahre noch weit entfernt, bestimmen oftmals die Freuden der allseits gewonnenen Freiheiten das Tagesgeschehen. Foto: Gerhard Bank

172 744-5

Seit dem Spätsommer 1983 war der Einsatz eines Versuchsträgers für eine neue Ellok-Generation der Deutschen Reichsbahn zu erwarten. Mit einer ungewöhnlichen und sehr attraktiven Lackierung wurde das 140 km/h schnelle Baumuster 212 001 unter anderem im Plandienst erprobt. Da aber der Bedarf der Reichsbahn für eine güterzugtaugliche Universallokomotive erheblich größer war, erfolgte der Umbau (Änderung der Getriebeübersetzung) zur 243 001. Hans-Joachim Lange fotografierte die „Weiße Lady“ am 6. September 1983 vor dem D 553 in Holzweißig (KBS 250). Im Hintergrund grüßen die Industrieanlagen von Bitterfeld.

„Und die Fahnen noch im Winde wehen", welcher politische Freudentag Anlaß für die Straßenbeflaggung in Dessau gab, interessierte den amtlich sanktionierten und eingereisten Besucher in die DDR nur sekundär (170. Geburtstag von Karl Marx – geb. am 5. Mai 1818, und der Tag der Befreiung vom Hitlerfaschismus – 8. Mai 1945). Das vordringliche Augenmerk am 7. Mai 1988 galt den noch im Plandienst stehenden Altbau-Elloks der Baureihe E 44. Wenn auch eigentlich nicht das Objekt der Begierde, ist an diesem Tag die 120 158 nebst den Zwergsignalen an der in Richtung Roßlau gelegenen östlichen Bahnhofseinfahrt doch ein willkommenes Fotomotiv. Foto: Gerhard Bank

Am 20. Mai 1993 passiert die 232 525 mit dem N 7614 Brandenburg – Magdeburg die Blockstelle Altenplatow (KBS 260, Magdeburg – Berlin). Hoch aus dem Norden hat es die Rostocker S-Bahn-Garnituren nach Sachsen-Anhalt verschlagen. Foto: Michael Hafenrichter

Dem Erdboden gleichgemacht ist das Empfangsgebäude in Dreileben-Drackenstedt (KBS 310, Hannover – Magdeburg). Der P 9478 Magdeburg – Marienborn hat am 4. August 1990 seinen Zwischenhalt mit leichter Verspätung erreicht. Die 112 684 trägt noch die heute so begehrten Lokschilder. Foto: Josef Högemann

Die alte Magistrale Magdeburg – Brandenburg – Berlin (KBS 260) zeigt sich bei Güsen am 3. April 1994 von Bauarbeiten bislang verschont, obwohl weiter östlich die Arbeiten zur Elektrifizierung zügig voranschreiten. Die 228 803 ist mit dem N 7637 auf dem Weg von Genthin nach Magdeburg. Foto: Jürgen Hörstel

Linke Seite: Zu den interessantesten Einsätzen der Reichsbahn-V 180 gehörte sicherlich der Langlauf Wustermark – Lehrte/Seelze – Hannover Hgbf – Hannover-Linden – Wustermark. Die 228 798 ist am 11. Mai 1993 mit dem Gz 65 808 von Hannover Hgbf nach Hannover-Linden unterwegs. Aus luftiger Höhe bot sich Oliver Wunder ein interessanter Ausblick auf die Kreuzungs- und Überführungsbauwerke.

Oben rechts: Von 1952 bis 1985 standen die Triebwagen der Baureihe 612/613 bei der Deutschen Bundesbahn im Betriebsdienst. Wie auch die Eierköpfe ist der Bahnhof Lutter am Barenberge (KBS 352, Braunschweig – Salzgitter – Seesen – Kreiensen) bereits Geschichte. Die vier Motorwagen des E 3546 Braunschweig – Kreiensen sorgen am 3. April 1984 für ein rasches Fortkommen und sicherlich pünktliche Fahrzeiten. Foto: Rolf Houben

Unten rechts: Am Einfahrvorsignal von Bad Driburg (KBS 355) bescherte der Zufall Frank Bachmann eine punktgenaue Zugbegegnung. Der 614 057 ist am 8. Mai 1994 als E 6035 auf dem Weg nach Braunschweig, als der verspätete E 3658 Nordhausen – Altenbeken ins Bild fährt. Für den kürzesten Schienenweg der Relation Halle/Saale – Ruhrgebiet ist die Wiedervereinigung ohne Bedeutung geblieben. Die ehemals wichtige Fernverbindung, von den Verkehrsprojekten der Deutschen Einheit unbeachtet, besitzt heute lediglich eine regionale Funktion.

624 620-1

Ideale Voraussetzungen – eine eisige Nacht und hohe Luftfeuchtigkeit – verwandelten das Friesland am 30. Dezember 1992 in eine traumhafte Winterlandschaft. Begünstigt durch eine lange Windstille und die anhaltende Kälte hielt sich die weiße Pracht trotz strahlenden Sonnenscheins bis in die Abendstunden.

Linke Seite: Im Gegensatz zum Fotografen erfreuten sich an diesem Morgen die Reisenden des E 7320 einer wesentlich angenehmeren Umgebungstemperatur. Bei Sande (KBS 392, Wilhelmshaven – Osnabrück) sorgen die Motorwagen 624 620 und 624 674 der vierteiligen Einheit für die notwendige Traktion.

Oben: Eine weitere Abwechslung bietet die 216 171 mit ihrem gemischten Kesselwagenzug, den sie in Sande soeben übernommen hat. Das „Schwarze Gold" befindet sich auf dem weiteren Weg nach Oldenburg. Wilhelmshaven, der einzige Tiefseehafen Deutschlands, sorgt hier für ein beachtliches Verkehrsaufkommen. Fotos: Jörg Schindowski

Linke Seite: Die ab 1970 gebauten und für 200 km/h zugelassenen Lokomotiven der BR 103.1 bildeten in den siebziger und achtziger Jahren das Rückgrat im hochwertigen Reisezugverkehr der DB. Am Ende der achtziger Jahre hatte sich bereits die neurote Farbgebung mit weißem Lätzchen durchgesetzt. Dennoch erhielt die 103 117 eine komplette Neulackierung im alten Farbbild. Dergestalt ist sie am 15. Mai 1988 bei Kreiensen (KBS 350, Hannover – Göttingen) auf der alten Nord-Süd-Strecke mit dem IC 573 „Deichgraf" Westerland – Basel unterwegs. Foto: Dietmar Beckmann

Rechts oben: Von den Feuerwehren und Rettungsdiensten für den Einsatz bei Unfällen auf den Neubaustrecken Hannover – Würzburg und Mannheim – Stuttgart gefordert, trotz enormer Kosten beschafft, sind die Tunnelrettungszüge der DB AG in ihrem wirklichen Nutzwert sehr umstritten. Für die Rettungs- und Hilfsmaßnahmen auf dem Schienenweg in den schwer zugänglichen und bis über 10 Kilometer langen Tunnelbauwerken konzipiert, zeigte sich bei bisherigen Einsatzübungen jedoch die Schwerfälligkeit dieser Fahrzeuge.
Bis jetzt blieben die Züge vom Ernstfall verschont. So kommen sie nur sehr selten zu Übungen oder Präsentationen auf die freie Strecke. Am 17. September 1997 ist der bereits in „Feuerwehr-Rot“ lackierte Rettungszug mit den Lokomotiven 714 008 und 714 003 bespannt. Von einer Vorführung in Hannover kommend, ist er bei Giften auf der Rückfahrt zum Heimatstandort Hildesheim. Foto: Jürgen Hörstel

Rechts unten: Die dritte im Bund der DB AG-Neubaulokomotiven ist neben der Baureihe 101 und 152 die im Juli 1997 von Adtranz in Hennigsdorf übergebene Baureihe 145. Von den 70 bis Ende 2000 zu liefernden Serienlokomotiven erhielten die 10 gebauten Prototypen zum Fahrplanwechsel 1998/99 einen eigenen Umlauf. Dieser sah, vom Betriebshof Seddin ausgehend, vor allem Güterzugleistungen zwischen Berlin und dem Ruhrgebiet vor. Zur Personalschulung eingesetzt, unternimmt als Vorspann die 145 008 vor der 143 182 am 24. April 1998 zwischen Haste und Lindhorst (KBS 370, Hannover – Bielefeld) die ersten „Gehversuche“. Foto: Jürgen Hörstel

Von 1994 bis 1997 oblag den Serienloks der Baureihe 112 die Bespannung der Interregios der „Mitte-Deutschland-Verbindung" Düsseldorf – Erfurt (– Chemnitz). Am Ende eines schönen Sommertages legt sich der IR 2557 Düsseldorf – Kassel-Wilhelmshöhe, geführt von der 112 168, zwischen Paderborn und Altenbeken (KBS 430) in die Kurve. Den Reisenden beider Wagenseiten ist am 8. August 1995 ein Blick auf die untergehende Sonne über der Westfälischen Bucht möglich. Foto: Frank Bachmann

Zum Ende der Karnevalssession 1987 sorgte ein Eisregen in Ostwestfalen für chaotische Verkehrsverhältnisse. Entgegen dem bekannten Werbeslogan „Wir fahren bei jedem Wetter" blieb die Eisenbahn jedoch von den Auswirkungen nicht verschont. Eine durch den Eismantel unbrauchbar gewordene Fahrleitung sowie durch das vervielfachte Gewicht umgeknickte Ausleger zwangen zur Sperrung der Kursbuchstrecke 430 im Abschnitt Paderborn – Altenbeken. Zwischen Paderborn und Lippstadt sorgte ein Dieselvorspann für die nötige Traktion. Die Aussicht auf unfreiwillige Rutschpartien und Bauchlandungen schreckte den Fotografen nicht ab, am 3. März 1987 den „Ausritt" mit dem Drahtesel zum Betriebsbahnhof Benhausen zu wagen. Der Mühe Lohn ist die Aufnahme der Turmtriebwagen 701161 und 701119. Sichtbar ist man damit beschäftigt, den Fahrdraht in Handarbeit „vom Eis zu befreien". Foto: Frank Bachmann

24 dreiteilige Fahrzeuge der Baureihe ET 30 beschaffte die Deutsche Bundesbahn, an deren Bau alle namhaften Triebwagen-Hersteller und die Elektrokonzerne AEG, BBC und SSW beteiligt waren. Von 1956 bis 1984 standen die zuletzt in Hamm stationierten Fahrzeuge im Betriebsdienst, deren Ausmusterung zum 31. Juli 1984 erfolgte. Ihr Einsatzgebiet war ausschließlich das Ruhrgebiet und die angrenzenden Regionen.

Aus ungewohnter Sicht präsentiert sich der Neuenbekener Viadukt (KBS 430), den am 5. September 1981 ein altroter 430 überquert. Foto: Georg Wagner

Rechts: Eine wichtige Nord-Süd-Verbindung für den Güterverkehr ist trotz der steigungsreichen Abschnitte die Kursbuchstrecke 440, die das Ruhr- und Rhein/Main-Gebiet miteinander verbindet. Entsprechend muß sich der Reiseverkehr aus Gründen des Überhöhungsfehlbetrages in den zahlreichen engen Kurven im Tal der Lenne und der erforderlichen Streckenkapazität mit niedrigen zulässigen Geschwindigkeiten begnügen. So genügt am 20. Oktober 1987 die nur 110 km/h schnelle 140 742, um den E 3229 (Laufweg Mönchengladbach – Hagen – Siegen – Köln!) in Altena zu beschleunigen. Foto: Dietmar Beckmann

Zur nachfolgenden Seite 50: Bei Werdohl (KBS 440, Hagen – Siegen) ist am 5. Juli 1985 die 140 683 mit einem Durchgangsgüterzug auf dem Weg ins Ruhrgebiet. Um einen freizügigeren Einsatz der Baureihe E 40 zu ermöglichen, wurde 1969 die zulässige Höchstgeschwindigkeit von 100 auf 110 km/h heraufgesetzt. Foto: Dietmar Beckmann

Oben: Die im Ruhrgebiet durchgeführten Probefahrten mit der Baureihe 240 erfüllten die gesetzten Erwartungen zur vollen Zufriedenheit. Die sich abzeichnende Vereinigung der beiden Bahnverwaltungen DB und DR und die somit ausreichende Verfügbarkeit schwerer Diesellokomotiven verhinderte jedoch die Beschaffung dieser Baureihe. Der Einsatz erfolgte vom 18. 01. 93 bis zum 06. 02. 93 beim Bahnbetriebswerk Oberhausen-Osterfeld Süd. Bei Essen-Nord ist am 30. Januar 1993 die 240 003 mit dem Gz 58 748 unterwegs. Foto: Thomas Menzel

1989 waren weder spezielle Kenntnisse über die Umlaufpläne der Baureihe 103, noch besonderes Glück nötig, um eine dieser Lokomotiven aufzunehmen. Die IC-Einsätze der Baureihe 120 beschränkten sich zu dieser Zeit überwiegend auf die Neubaustrecke Fulda – Würzburg. Das größte Übel bestand in der Aussicht, eine der ersten orientroten 103er zu erwischen. Bei Münster-Handorf (KBS 385, Münster – Bremen) durcheilt am 5. Mai 1989 die 103 145 mit dem IC „Karolinger" Aachen – Hamburg-Altona die typische münsterländische Landschaft. Heute ist die Kombination E 03 mit einem grafittifreien Zug bereits bemerkenswert. Foto: Matthias Niedenbrück

In Oberhausen rollt an der mittlerweile historischen Industriekulisse am 19. August 1989 die 140 537 mit einer schier endlosen Fuhre Koks vorbei. Angenehm fällt die grüne Farbgebung mit Zierstreifen und das grau lackierte Dach der E 40 auf, die auch zehn Jahre später zum Bestand der Deutschen Bahn zählt. Unverständlich ist jedoch die Entscheidung des Geschäftsbereichs Cargo, die wesentlich jüngere und von der Reichsbahn beschaffte Baureihe 250/155 aus dem Unterhaltungsbestand zu nehmen. So werden die „Container" voraussichtlich bis zum Jahr 2007 aus dem Betriebsdienst ausscheiden. Foto: Josef Högemann

Oben: Im 19. Jahrhundert beeinflußte die Romantik wesentlich die Architekten und Künstler dieser Epoche. Ein Ausdruck hierfür spiegeln unzählige mit Erkern, Zinnen und Türmen ausgestattete Eisenbahnbauten wie Bahnhöfe, Brücken und Tunnels wider. An diese Zeit erinnert der linksrheinisch erhalten gebliebene Brückenkopf der im Zweiten Weltkrieg gesprengten Admiral-Graf-Spee-Brücke. Über die neu erbaute Brücke zwischen den Duisburger Stadtteilen Hochfeld und Rheinhausen (KBS 486, Mönchengladbach – Krefeld – Duisburg) gelegen, erreicht die 110 102 mit dem E 3814 am 13. Februar 1988 das linke Rheinufer. Foto: Michael Hubrich

Rechte Seite: Die Prinz-Wilhelm-Eisenbahngesellschaft eröffnete am 1. Dezember 1847 auf dem Abschnitt Wuppertal-Vohwinkel – Überruhr (KBS 446) den Eisenbahnverkehr. Bei Essen-Kupferdreh ist am 14. April 1988 im Deilbachtal die 361 683 mit einer Übergabe von Essen Rbf. nach Neviges unterwegs. Foto: Dietmar Beckmann

361 683-6
1

Oben: Den ersten Zug von Winterswijk nach Gelsenkirchen-Bismarck schickte die Niederländisch-Westfälische Eisenbahn (NWE) am 14. Juni 1880 auf die Reise. Zu ihren Glanzzeiten rollte hier der internationale Fernverkehr zwischen dem Ruhrgebiet und Amsterdam. Nachdem dieser nach und nach fast vollständig über Emmerich und Bentheim abgewickelt wurde, kam es am 1. September 1939 zur Einstellung des Personenverkehrs zwischen Winterswijk und Burlo. Die Oberhausener 216 084 passiert mit dem N 8160 Borken – Essen am 23. Oktober 1994 die 1907 eröffnete Blockstelle Feldhausen (KBS 424, Coesfeld/Borken – Oberhausen/Essen). Foto: Jörg Schindowski

Rechte Seite: Für die rund fünf Millionen Einwohner des Ruhrgebietes ist die S-Bahn ein wichtiges Verkehrsmittel. Über die Ruhrbrücke in Kettwig (KBS 450.6, Köln – Essen) rumpelt am 8. August 1995 ein Zug der Linie S6, als das Elektroboot Nr. 4 seinen „Heimathafen" fast erreicht hat. Foto: Michael Hubrich

Tipp-Ex
LEIH
WIEDERHOLD
3 WIEDERHOLD ESSEN

360 596-1
OBI

Linke Seite: Schüsselfrei recken sich die Antennen in den Wuppertaler Himmel, als am 21. Februar 1990 die 360 596 mit der Übergabe 66 513 im Ortsteil Wichlinghausen rangiert. Die rostigen Schienenköpfe sprechen bereits eine deutliche Sprache und lassen den aufkommenden Verfall der rheinischen Schiene erahnen. Wenige Jahre später bieten nicht nur demontierte Gleise dem Betrachter ein mehr als trostloses Bild. Foto: Thomas Menzel

Oben: Für den grenzüberschreitenden Verkehr mit der Bundesbahn beschaffte die SNCB neben der Baureihe 16 sechs Maschinen der Baureihe 18 (eine technische Variante der französischen Baureihe CC 40100). Mit einer Länge von 22,08 m überbieten sie sogar die größte deutsche Ellok der Baureihe E 95 um gut einen Meter. Die Höchstgeschwindigkeit der markanten Lokomotive beträgt 180 km/h, die Stundenleistung maximal 4450 kW. Während am 15. August 1994 die Start- und Landebahn des Düsseldorfer Flughafens von zwei Flugzeugen bevölkert wird, rauscht der EC 48 „Memling" Dortmund – Oostende auf der Kursbuchstrecke 415 Köln – Dortmund – Hamm am Standort des Fotografen vorbei. Die 1806 ist am 22. Februar 1974 bei der SNCB in Dienst gestellt worden und hat nach 24 Dienstjahren eine Laufleistung von gut vier Millionen Kilometer erreicht. Foto: Thomas Menzel

1
2

Linke Seite: Am 2. Juni 1991 nahm die DB zeitgleich mit der Inbetriebnahme der beiden Schnellfahrstrecken Hannover – Würzburg und Mannheim – Stuttgart den Hochgeschwindigkeitsverkehr mit den neuen ICE-Zügen der BR 401/801 auf. Um mit den von der Fahrzeugindustrie zuerst ausgelieferten Triebköpfen einigermaßen praxisnahe Test- und Abnahme-Fahrten durchführen zu können, stellte das Ausbesserungswerk Opladen sogenannte „Dummy-Züge“ aus älteren Reisezugwagen bereit. Auf beiden Seiten mit den ICE-Triebköpfen gekuppelt, sind die seltsam anmutenden Garnituren auf Testfahrten zwischen Opladen und Hamm zu beobachten gewesen. Auf der Rückfahrt nach Opladen ist am 16. Januar 1991 in der Nähe des Bahnhofs Gruiten (KBS 455) eine solche Einheit, die von dem Triebkopf 401 054 geführt wird. Foto: Michael Beitelsmann

Oben: Erst kurze Zeit ist der IR 2447 Aachen – Dresden unterwegs, als die 103 242 in den Morgenstunden des 1. Juli 1994 Krefeld (KBS 486, Mönchengladbach – Duisburg) verläßt. Nach insgesamt neunstündiger Fahrt wird der InterRegio via Duisburg, Hamm, Bielefeld, Hannover, Magdeburg, Halle und Leipzig um 15.35 Uhr Dresden erreichen. Zwei Gleise weiter wartet die 110 490 auf neue Aufgaben. Foto: Thomas Menzel

Linke Seite: Fotostellen sind in der Kölner Bucht rar gesät. Nur an wenigen Punkten ist es möglich, wie in der Gemarkung Wesseling (KBS 470, Köln – Koblenz), „zum Zuge" zu kommen. Die ständig wechselnden Wetterlagen erforderten im April 1998 Geduld und Ausdauer, eine Allee Obstbäume in Szene zu setzen. Nach mehrmaligem Anlauf und bei leider fast verblühten Bäumen ist es in der Vor-Osterwoche soweit. Vor einer herrlichen Wolkenfront jagt die nordwärts eilende 101 004 ins Bild. Foto: Gerhard Bank

Oben: Zwischen Aachen, Köln und Mönchengladbach erstreckt sich auf ca. 2500 km³ das rheinische Braunkohlerevier, an dessen südlicher Grenze die Kursbuchstrecke 480 Köln – Aachen verläuft. Weithin sichtbar steigen in Weisweiler die Abdampfwolken des hier ansässigen Braunkohlekraftwerkes in den klaren Himmel auf, als am 18. November 1997 der zu Personalschulungsfahrten eingesetzte Thalys 4304 die Industriekulisse passiert. Die Generatoren des Kraftwerkes speisen in der Stunde bis zu 2200 MW in das Hochspannungsverbundnetz der Elekrizitätsversorgungsunternehmen. In den sieben Blöcken werden jeweils zwischen 100 und 600 MW Generatorleistung erzeugt, die insgesamt 11 Kesselanlagen verbrauchen bei Vollast rund 80 000 t Braunkohle pro Tag. Einen weiteren Einblick in diese Welt der Technik vermitteln die technischen Daten eines 600-MW-Blockes. Der 8900 t schwere Kessel ist bei einer Grundfläche von 20 × 20 m 120 m hoch und wird von einem 19 000 t schweren Gerüst getragen, weitere 1300 t bringen die Turbine und der Generator gemeinsam auf die Waage. Foto: Oliver Austen

Tage der offenen Tür der Bundesbahndirektion Köln genossen, trotz des für Großveranstaltungen typischen Rummels, über Jahre hinweg einen durchaus guten Ruf. Nicht nur die 216 003 mit den Waggons der DGEG drehte am 7. und 8. November 1981 ihre Runden um Köln. Als Überraschung und in alter Lackierung poltert einer der als „Donald Duck" bekannten Triebwagen der Baureihe 403 am Westkopf der 1910 eröffneten Kölner Südbrücke vorbei. Ab dem März 1982 bestand ausschließlich als Fluggast der Lufthansa die Möglichkeit, den „Airport-Express" in „Flughöhe Null" zwischen Frankfurt und Köln zu benutzen. Foto: Peter Bäuchle

Nur wenige hochwertige Reisezüge verkehrten in der Fahrplanperiode 1998/99 auf der rechten Rheinstrecke Köln – Neuwied – Koblenz. Das Saisonschnellzugpaar D 1272/1273 Cerbère – Köln – Port Bou war für gut zwei Monate eine besondere Attraktion auf der sonst vom Güterverkehr stark frequentierten Kursbuchstrecke 465. Am 7. August 1998 hat die 181 210 mit dem D 1273 die Domstadt Köln bereits hinter sich gelassen und eilt mit voller Fahrt durch den Porzer Bahnhof. Die Anbindung des Köln/Bonner Flughafens an die Neubaustrecke Köln – Frankfurt erfordert hier umfangreiche Baumaßnahmen. Teile der Fahrleitung sind bereits demontiert. Foto: Oliver Austen

Auf Gleis 2 in Köln Hbf wartet im Oktober 1997 die 103 212 mit dem IC 526 „Gorch Fock" von Nürnberg nach Kiel auf die Weiterfahrt. Im Gegensatz zu den beiden Reisenden im Bild, verzichtet der Fahrgast so manches Mal auf die Annehmlichkeit eines Sonnentages. Unterirdisch verbannt, von Kunstlicht und Beton umgeben, der Grundstücksspekulation und Wirtschaftlichkeitsberechnung geopfert – in der Erlebniswelt mit Gleisanschluß vermißt der Reisende zurecht das Wort Kultur. Foto: Gerhard Bank

Eine unendliche Geschichte von Pannen und Fahrverboten durchzieht die Historie der NeiTechZüge der Baureihe 611. Am 27. Januar 1998 verbindet der RE 3613 die beiden ehemals römischen Siedlungen Köln und Trier. Bei Schmidtheim (KBS 474, Köln – Gerolstein – Trier) läßt nicht nur der führende 611 502 im wahrsten Sinne des Wortes den Schnee stauben, als es heißt, durch die Eifel zu kurven. Foto: Michael de Clerque

Oben: Das „rosarote Jahr“ der Bahn? Dieser Spruch galt nicht für die Bediensteten der DB. Mit dem N 6737 haben die 215 133 und 215 035 am 8. Juli 1984 pünktlich ihren Zielbahnhof erreicht. Planmäßig ist die Überführung einer Lokomotive der BR 215 von Köln nach Gerolstein (KBS 474) in diesen Umlauf eingebunden. Für den Lokführer heißt es nun, in die Hände spucken. Nachdem er die 215 133 vom Zug gelöst hat, ist diese in das gut zwei Kilometer entfernt gelegene Bahnbetriebswerk zu überführen. Dort angekommen, ist er in Doppelfunktion als Drehscheibenwärter und Schuppenpersonal tätig. Ist die Lok im Schuppen abgestellt, erfolgt der Rückweg in den Bahnhof zu Fuß. Hier ist nun die zweite Lok abzukuppeln, umzusetzen und für die Rückfahrt vorzubereiten. Foto: Norbert Bank

Rechte Seite: 1950 entschloß sich die DB zur Entwicklung einer neuen elektrischen Universal-Ellok. Zwei Jahre später erfolgte die Betriebserprobung der fünf Vorserienmaschinen (E 10 001 – 005). Von 1957 bis 1969 sind insgesamt 379 Lokomotiven der Baureihe E 10 beschafft worden. Die „Bügelfalte“ erhielten zunächst die 160 km/h schnellen E 10 1265 bis 1270, ab der E 10 288 hatten alle weiteren Folgeexemplare diesen Lokkasten. Die 110 492 ist mit der RB 7428 am 9. August 1996 bei Kobern-Gondorf (KBS 690) auf dem Weg nach Trier. Foto: Michael de Clerque

DB
110 492-6

Mit dem Einlaufen des IR 2430 „Wattenmeer“ von Cuxhaven nach Luxemburg in den Bullayer Bahnhof (KBS 690) deutete sich am 9. August 1998 ein Wettrennen der ungleichen Art an. Zeitgleich erscheint das Tankschiff Rückwarth hinter der bekannten Doppelstockbrücke im Bild. Nach kurzem Halt setzt die Saarbrücker 181 ihren Zug wieder in Fahrt. „Sein oder nicht sein“, heißt in diesem Moment die entscheidende Frage. Von der Nervosität des Fotografen unbeirrt, dümpeln derweil die Barkassen Alf und Bullay an ihrem Liegeplatz vor sich hin. Auf den Zentimeter genau vollzieht sich eine nicht alltägliche Kreuzung, als der Zug die Mosel überquert. Foto: G. Bank

Die DB beschaffte in den sechziger Jahren die Baureihe 184 für den Verkehr mit den Beneluxländern und Frankreich. Das Lastenheft sah die Verwendung für vier Stromsysteme vor: Wechselstrom mit 15/25 kV sowie Gleichstrom mit 1,5/3 kV. Von den ursprünglich fünf Maschinen befindet sich noch die 184 003 im Betriebsdienst. Hauptsächlich ist die in Ehrang stationierte Einzelgängerin an der Obermosel zwischen Ehrang und dem Grenzbahnhof Apach eingesetzt. Der Dg 44284 Ehrang – Wasserbillig überquert am 8. August 1996 die Moselbrücke in Konz (KBS 693). Foto: B. Vatteroth

DB
140 095-1

Linke Seite: Im Saarland hat der Strukturwandel auch vor der Zeche Luisenthal (KBS 685) nicht halt gemacht. Das Hauptgebäude des ehemaligen Bergwerks ist zwischenzeitlich abgerissen worden. Verblieben sind lediglich die Fördertürme und die dazugehörigen Nebengebäude, da der Grubenzugang als Wetterschacht benötigt wird.
Die auf dem Heimweg befindlichen holländischen Selbstentlader werden am 18. Juli 1996 von der 140 095 befördert, während die 140 627 abgebügelt im Zug mitläuft. Foto: Berthold Vatteroth

Oben rechts: Für den grenzüberschreitenden Verkehr nach Frankreich bestellte die DB 1957 drei Zweisystem-Lokomotiven (E 320 001/011/021) für 15 kV, 16 2/3 Hz und 25 kV, 50 Hz der Baureihe E 320. Die ursprünglich vorgesehene Erprobung mit 20 kV, 50 Hz auf der Höllental- und Dreiseenbahn ist aufgrund der dort 1960 erfolgten Umstellung auf 15 kV, 16 2/3 Hz nicht mehr erfolgt. Das Gehäuse dieser Baureihe ist unter Berücksichtigung der Fahrleitungsspannung von 25 kV gegenüber den Einheits-Elloks um gut 30 cm niedriger ausgeführt worden (dies ist im Vergleich mit dem der Lok nachfolgenden Güterwagen gut zu erkennen). Mit der Auslieferung der Baureihe 181 Ende der sechziger Jahre war der Güterverkehr das Haupteinsatzgebiet der drei in Saarbrücken beheimateten Maschinen. Im Februar 1980 ist bei Völklingen (KBS 685) die 182 021 mit einem Güterzug nordwärts unterwegs. Zwei Jahre später schied die Lokomotive aus dem Betriebsdienst aus. Als einzige Lokomotive dieser Baureihe ist die 182 001 erhalten geblieben. Foto: Martin Werth

Unten rechts: Bis 1994 gelangten planmäßig die Luxemburger „Kartoffelkäfer" der Baureihe 16 nach Deutschland. Am 27. Juni 1992 hat die 1602 mit dem E 3065 Luxemburg – Trier den Abzweigbahnhof Karthaus (KBS F6, 685, 692, 693) erreicht. Selten, beim Ausfall der elektrischen Traktion, gelangten sie sogar mit dem französischen Saisonschnellzug aus Cerbère (siehe auch S. 65) bis Koblenz.
Der belgische Hersteller Franco-Anglo-Belge lieferte 1955 aus der laufenden Produktion der SNCB-Baureihe 202 die vier Maschinen an die CFL. Die luxemburgische Staatsbahn benötigte die Baureihe 16 für die Beförderung der internationalen Schnellzüge auf der Relation Luxemburg – Belgien (KBS L1 – Nordstrecke). Die erforderlichen Reisegeschwindigkeiten waren in Ermangelung einer entsprechenden Schnellzugmaschine mit den verfügbaren deutschen Dampflokomotiven nicht zu bewältigen.
Der mit einem Zweitakt-Dieselmotor ausgerüstete dieselelektrische Antrieb leistet 1290 kW/h, das Dienstgewicht beträgt 108 t, die LüP 18,85 m und die Höchstgeschwindigkeit 120 km/h. Die in amerikanischer Lizenz ebenfalls vom schwedischen Hersteller NOHAB gefertigte Lokomotivbauart wurde darüber hinaus von der DSB, MAV und NSB beschafft. Während die Ausmusterung der 1601 1985 erfolgte, bleiben die 1602, 1603 und 1604 der Nachwelt erhalten. Foto: Peter Bäuchle

Oben: Wenig Beachtung finden die Bahndienstfahrzeuge, die zumeist in Erscheinung treten, wenn es gilt, Revisionen und Reparaturen an den Bahnanlagen durchzuführen. Einer der zahlreichen Turmtriebwagen ist am 21. Oktober 1990 im Moseltal (KBS 690) unterwegs. Der 701155 rollt mit seiner Mannschaft nach vollbrachtem Tagewerk nahe Löf dem Feierabend entgegen. Rechts der Mosel erhebt sich oberhalb von Alken die Burg Thurant.

Rechte Seite: Unweit des Loreleyfelsens (KBS 466) ist am 18. Oktober 1994 die 140 435 mit ihrem Güterzug im herbstlich gefärbten Rheintal auf dem Weg in Richtung Süden. Fotos: Udo Kandler

DB
140 435-9

Links: In früheren Zeiten soll einst die schöne Jungfrau Loreley hoch oben auf dem bekannten Felsen gesungen haben. Schenkt man den Überlieferungen Glauben, so verzauberte sie mit ihrer wunderbaren Stimme die vorbeifahrenden Schiffer. Derart betört und abgelenkt, fanden die armen Kerle in den Stromschnellen ein jämmerliches Ende, denn das Fahrwasser des Rheins ist hier auf ein Drittel der sonst üblichen Breite verengt. Am 30. April 1998 verläßt die 155 096 die finstere Röhre des „Loreley-Tunnels" und taucht zurück ins Tageslicht. Neben den Einheits-Elloks der DB ist der „Container" ein fester Bestandteil der Zugförderung auf der Kursbuchstrecke 466 geworden. Foto: Gerhard Bank

Rechte Seite: Ein seltener Gast auf den Gleisen der rechtsrheinischen Gütermagistrale war hingegen die Baureihe 120. Zuglok des Gc 53 109 (Gremberg – München Nord) ist am 9. August 1997 die 120 102. Weithin vernehmbar durchfährt der Zug den bekannten Rotweinort Assmannshausen (KBS 466). Aus der Ferne grüßen die Burgen Rheinstein und Reichenstein. Foto: Michael Hafenrichter

Die Bahn
verbindet
märklin
120 139-1

Linke Seite: Beengt sind die Platzverhältnisse in St. Goar (KBS 471, Koblenz – Frankfurt/M.). Die kleine Stadt am Rhein verdankt ihren Namen dem Einsiedlermönch Goar, der sich hier im 6. Jahrhundert niederließ. Dicht an die Häuser gedrängt, verläuft die Eisenbahnlinie durch die Stadt. Auf dem Weg nach Koblenz passiert am 30. Juli 1997 die 120 139 mit dem EC 18 „Andreas Hofer" Innsbruck – Münster die städtische Kulisse. Foto: Georg Wagner

Oben: Nur an wenigen Tagen des Jahres 1998 hatte Petrus mit der Zunft der Fotografen ein Einsehen. Der Himmel am Morgen des 30. April 1998 versprach zunächst wenig Positives, vom Hunsrück ziehen die für das mittlere Rheintal so typischen Quellwolken heran. Nur für einen Moment gewinnt die Sonne über der ehemals keltischen Siedlung Oberwesel (KBS 471) die Oberhand, als die 101 012 mit einem verspäteten InterCity an der „Stadt der Türme" vorbeieilt (von den 22 Türmen der städtischen Ringmauer sind 16 erhalten geblieben). Als „Sängerin" bekannt, verdankt die Lok ihren Spitznamen den sich im „Macroschlupf" befindenden Antriebsachsen. Moderne Leistungselektronik ermöglicht so die maximale Ausnutzung der Antriebskraft. Foto: Gerhard Bank

Linke Seite: Zu den reizvollsten und kulturhistorisch bedeutsamsten deutschen Landschaften gehört sicherlich der Mittelrhein. Allein auf dem Abschnitt von Mainz nach Koblenz bieten über 50 Burgen, Burgruinen und Schlösser dem Betrachter ein abwechslungsreiches Landschaftsbild. Oberhalb von Rheindiebach erhebt sich die Burgruine Fürstenberg. Im frühen Mittelalter, der Blütezeit des deutschen Burgenbaus, errichteten die Kölner Erzbischöfe diese zur Wahrung ihrer wirtschaftlichen Interessen. Bereits 24 Jahre nach ihrer Fertigstellung, als Lehen 1243 an die Wittelsbacher Kurfürsten vergeben, gelangte sie schließlich 1410 in deren Besitz. Im 17. Jahrhundert brach ihre schwerste Zeit an: Von spanischen, schwedischen und französischen Truppen mehrfach belagert und erobert, legten die Franzosen sie 1689 in Schutt und Asche. Bis in die Zeit Napoleons ereilte dieses Schicksal viele weitere Burgen am Rhein. Nur wenige Anlagen wie die Zollburg Pfalzgrafenstein und die Marksburg haben diese Zeit unzerstört überstanden. Bereits im 19. Jahrhundert erwachte ein lebhaftes Interesse an diesem einzigartigen Kulturgut, das den Wiederaufbau und Erhalt vieler Burgen ermöglichte. Als Beispiel sei die späte Rekonstruktion des Bergfriedes der Burg Stahleck in den Jahren 1965–67 genannt. Seit dem Jahr ihrer Zerstörung dem Zerfall preisgegeben, war das Schicksal der Ruine Fürstenberg bis in dieses Jahrzehnt zunächst ungewiß. 1997 zeugten jedoch von Bewuchs befreite, ausgefugte und instandgesetzte Mauern von voranschreitenden Erhaltungsmaßnahmen. Im Schatten des alten Burggemäuers bietet sich am 24. Mai 1997 aus luftiger Höhe ein herrlicher Ausblick auf Rheindiebach (KBS 471), Lorch und die linke Rheinstrecke mit dem vorbeifahrenden IR 2214 Karlsruhe – Emden.

Rechts: Bei sinkendem mittlerem Wasserstand des Rheins „bleckt“ der zwischen Oberwesel und St. Goar gelegene „Geisenrücken“. Zum Zeitpunkt der Aufnahme am 16. Juni 1996 liegt der Regelwasserstand des Pegels Kaub mit 2,04 m gut 40 cm unter dem Durchschnittswert, bei einer Strömungsgeschwindigkeit von 2–3 m/s. Die ca. 350 m lange Felsformation teilt das Fahrwasser auf einer Länge von 700 m. Verschiedene Regelungen gewährleisten die Sicherheit der Schiffahrt in diesem schwierigen Flußabschnitt. Der Bergfahrt ist die Wahl des Fahrwegs grundsätzlich freigestellt. Lediglich bei Niedrigwasser wird die 40 m schmale linke Fahrrinne gesperrt. Im Gegensatz hierzu ist der Talfahrt die 120 m breite und in beiden Richtungen ganzjährig befahrbare rechte Flußseite zugewiesen. Darüber hinaus „warschauen“ fünf Signalstationen ober- und unterhalb der „Loreley“ die Talfahrt der Bergfahrt. Die Schiffsführer sind gehalten, sich über Sprechfunk zu verständigen.
Von solchen Dingen weit entfernt, begegnen sich der EuroCity 28 „Prinz Eugen“ Wien – Hamburg und der von 103 138 geführte InterCity 617 „Ludwig Uhland“ Dortmund – München am vorgenannten Felsen. Fotos: Gerhard Bank

Oben: Zu Beginn der achtziger Jahre gehörte der D 410 „Hellas-Express" zu den exotischsten internationalen Eisenbahnverbindungen. Nicht nur sein bunter Wagenpark, sondern auch seine Verspätungen waren legendär. Spötter verbreiteten Anekdoten wie diese: „Heute rollte der Hellas-Express genau auf die Minute ein, ...es war der Zug von gestern." Dieser Mangel war ausschlaggebend für die Fahrplanregelung, den Zug auf DB-Strecken lediglich zum Aussteigen halten zu lassen. Mit „nur" einer reichlichen Stunde Verspätung befördert am 5. September 1981 die 110 156 den saisonbedingt verstärkten D 410 bei Lorch (KBS 466, Koblenz – Wiesbaden) durch den Rheingau. Einige Wagen haben ihre Fahrt vor etwa 45 Stunden in Athen angetreten, während die übrigen in Thessaloniki und Skopje beigestellt wurden. In fast vier Stunden beendet der „Hellas-Express" in Dortmund seine Reise. Foto: Günter Tscharn

Rechte Seite: Ein trüber Sommertag neigt sich einem positiven Ende zu; für eine halbe Stunde zeigte sich am 24. August 1994 doch noch dankenswerterweise die Sonne. Der 628 457 hat als N 6999 Limburg – Weilburg den Bahnhof Gräveneck (KBS 625, Koblenz – Gießen) soeben verlassen. Im letzten Tageslicht erreicht er bei Kirschhofen den Fotostandpunkt von Bernd Eisenschink.

Links: Abwechslungsreich gestaltete sich der 8. Mai 1993 für den Fotografen. Für einen Samstag eher ungewöhnlich herrschte auf der Kursbuchstrecke 430 Hamm – Kassel bis in die Abendstunden ein reges Güteraufkommen. Bereits in Hessen gelegen, bietet der Streckenabschnitt zwischen Liebenau und Hofgeismar viele abwechslungsreiche Fotomotive. Die kleine ansehnliche Steinbogenbrücke, die die 150 145 mit einem Güterzug unterquert, dient dem landwirtschaftlichen Verkehr. Foto: Gerhard Bank

Rechte Seite: Ein mit Post-Containern beladener Ganzzug war 1995 auf den Gleisen der DB AG kein ungewöhnlicher Anblick. Die Beförderung der nicht unerheblichen Postfracht erfolgte umweltfreundlich auf der Schiene. Vergebens wird der Interessierte diese Leistung heute suchen, der Lkw hat sie wie so oft übernommen. Am Morgen des 2. August befördert die 140 502 die auffällige Fuhre. Die Kursbuchstrecke 611 Göttingen – Eichenberg – Kassel überquert unweit von Hedemünden die Werra. Foto: Berthold Vatteroth

222
4

Linke Seite: Bei Oberrieden (KBS 613, Göttingen – Bebra) kämpft sich am 6. Mai 1990 die in Richtung Eichenberg fahrende 150 049 mit einem Durchgangsgüterzug durch das hessische Bergland. Foto: Georg Wagner
Oben: Im dunkeln liegen die Anfänge der Burg Hanstein, die im 13. Jahrhundert urkundlich erwähnt wird, aber wesentlich älter ist. Ihre Bewohner waren wohl äußerst streitlustige Zeitgenossen, denn bereits 34 Jahre nach der Grundsteinlegung der dritten Burganlage, werden sie von den Chronisten 1342 als Raubritter bezeichnet. Die weiter westlich gelegene Burg Ludwigstein entstand 1415 zum Schutz des durch das Werratal führenden Handelsweges, der den ständigen Überfällen der Hansteiner ausgesetzt war. So sind die Kontrahenten im Volksmund als „feindliche Brüder" überliefert. Nach den Wirren des Bauernkrieges und des 30jährigen Krieges, wurde die Burg im Jahr 1683 als Wohnsitz aufgegeben. Aus dem Westen ist zum Zeitpunkt der Aufnahme nur mit dem Fernglas ein Wahrzeichen der alten Raubritterburg zu erspähen. Den Reisenden des IC 585 „Amalienburg" Hamburg-Altona – München entgeht am 16. Mai 1989 bei Oberrieden (KBS 550) der Blick auf den Hansteiner Neidkopf. Seine herausgestreckte Zunge grüßt seit frühen Tagen die Widersacher vom Ludwigstein. Foto: Michael Hubrich

Links: Gestiegene Anforderungen und der weitere Bedarf an schweren Güterzuglokomotiven führten bei der DB und den beteiligten Herstellerfirmen 1968 zu Überlegungen, auf Basis der E 50 einen stärkeren Nachfolgetyp zu entwickeln. Am 31. Oktober 1972 wurden die ersten Lokomotiven der Baureihe 151 der Bundesbahn übergeben.
Die Flüsse Werra und Fulda machten beim Bau der Eisenbahn zahlreiche Brückenbauwerke erforderlich. Beim Kragenhof überqueren auf engstem Raum die beiden Kursbuchstrecken 610 und 611 die Fulda. Auf der alten Halle-Kasseler Eisenbahn ist am 31. März 1990 die 151 021 mit dem Durchgangsgüterzug 53 797 unterwegs. Foto: Georg Wagner

Rechte Seite: Für den leichten Reise- und Güterzugdienst auf Neben- und Hauptbahnen beschaffte die DB seit den fünfziger Jahren die Baureihe E 41. Das Lastenheft für diese Baureihe sah im Hinblick auf den Einsatz auf Nebenbahnen unter anderem eine geringere Achslast vor. Aus diesem Grund war nur eine beschränkte Verwendung gleicher Bauteile aus dem Neubaulokomotivprogramm E 10, E 40 und E 50 möglich. Der verkürzte Lokomotivkasten der E 41 unterscheidet sich deutlich durch die geringere Anzahl (vier statt sechs) der Lüftergitter. Auf dem Weg von Göttingen nach Bebra ist am 15. Mai 1998 bei Hoheneiche (KBS 613) die 141192 mit dem RE 3087. Foto: Georg Wagner

DB
141 192-5

Oben: Der E 3570 Frankfurt/M – Kassel erreicht am 3. August 1994 Guxhagen (KBS 610, Kassel – Fulda). Sichtlich unterfordert ist die 103 160 mit dem aus einem „Silberling“ gebildeten Zug. Mit derlei Anhängelast ist es eher unwahrscheinlich, unpünktlich den Endbahnhof der Reise zu erreichen. Foto: Georg Wagner

Rechte Seite: Weit überspannt die Pfieffetalbrücke das Tal des gleichnamigen Flusses, der bei Adelshausen (KBS 610) in die Fulda mündet. Über diesen jagt am 29. Juli 1997 der von der 120 157 geführte IC 788 „Hamburger Hafen“ Nürnberg – Hamburg-Altona hinweg. Der InterCity gehört im Jahresfahrplan 1991/92 zu den schnellsten Zügen der Deutschen Bundesbahn. Bei zwei Zwischenhalten und einer zurückzulegenden Entfernung von 228 km schafft der Zug bei einer Reisedauer von 1 Stunde und 34 Minuten eine Durchschnittsreisegeschwindigkeit von 145 km/h. Foto: Georg Wagner

Links: Zum Ende des 20. Jahrhunderts gaben Lokomotiven der Baureihe V 180 zwischen Leinefelde und Gotha erneut ein Gastspiel. Die von der Thüringischen Eisenbahngesellschaft erbaute Kursbuchstrecke 604 überquert bei Mühlhausen zweimal die Unstrut. Die Brücke in Reiser befindet sich, vom Geländer abgesehen, weitgehend im Originalzustand. Das Ziel Leinefelde hat die 228 788 mit der RB 7518 am 31. Mai 1997 bald erreicht. Foto: Wolfgang Herdam

Rechte Seite: Denkmalschutz und Traditionsbewußtsein sind im Sprachgebrauch der Bahn ein Fremdwort. Wie viele andere als erhaltenswert eingestufte Bauwerke und Gebäude soll der historische Erfurter Bahnhof der Imagepolitik geopfert werden. Anstatt sinnvoll zu bewahren, ist lieber „Klotzen und Kleckern" angesagt, um Bahnhöfe als Erlebnis- und Reisezentren zu präsentieren. Am 18. Juni 1996 war die Welt in Thüringen scheinbar in Ordnung, als die 103 239 mit dem IR 2151 Frankfurt/M – Berlin-Lichtenberg verspätet die Weiterreise antritt. Ob die 229 174 mit der RB 6306 Erfurt – Sangerhausen pünktlich verlassen wird? Foto: Günther Scheibe

DB
103 239-0
229 174-8

Linke Seite: Fast pünktlich erreicht am 16. Februar 1994 die 232 023 mit dem D 2155 von Cottbus nach Würzburg den bekannten Kur- und Wintersportort Oberhof (KBS 570, Erfurt – Meiningen). Foto: Michael Hubrich

Oben: Ungewiß ist aufgrund des schlechten Ausbauzustandes die Zukunft der Holzlandbahn (KBS 565, Erfurt – Gera) als überregionale Verkehrsverbindung. Die Lokomotiven der Baureihe 229 haben nach verschiedenen Gastspielen in Erfurt ihr derzeitiges Zuhause gefunden. Die 229 102 ist am 5. Januar 1996 bei Kraftsdorf mit der RB 76919 Weimar – Gera unterwegs. Foto: Olaf Buhler

Oben: Den Stolz vergangener Tage läßt die Signalbrücke in Hildburghausen (KBS 569, Meiningen – Sonneberg) erahnen. Am 5. August 1996 verläßt die 219 135 mit der aus zwei ex-DB-Schnellzugwagen gebildeten RB 14 932 die an der Werra gelegene und ehemalige Residenzstadt (17.–19. Jahrhundert) der ernestinischen Herzöge von Sachsen-Hildburghausen in Richtung Meiningen. Von 1888 bis zum 14. Mai 1946 war Hildburghausen zugleich der Ausgangspunkt für die 1000-mm-Schmalspurbahn nach Lindenau-Friedrichshall (von der Localbahn-Bau- und Betriebsgesellschaft Hostmann & Co. aus Hannover erbaut). Foto: Markus Wohlfart

Rechte Seite: Den anstrengenden Aufstieg von mehr als 200 Höhenmetern zum Rennsteig hinauf hat am 10. März 1995 der E 3984 Schweinfurt – Erfurt bereits absolviert. Bei Gehlberg (KBS 570, Erfurt – Oberhof – Meiningen) rollt der 614 039 mit seinen Beiwagen den Thüringer Wald hinab. Foto: Michael Beitelsmann

Linke Seite: Zum Ende der siebziger Jahre erhielten die Bahnbetriebswerke Probstzella und Saalfeld die Baureihe 119, die alsbald auch auf der Saalebahn (KBS 560, Leipzig/Halle – Jena – Saalfeld) zum Einsatz kam. Der Saalfelder Hilfszug hat bei Remschütz am 22. Juli 1980 mit einer ungewöhnlichen Fracht seinen Heimatbahnhof fast erreicht. Nicht mehr lauffähig und aufgebockt, muß sich die Kleinlok der Baureihe 100 von ihrer großen Schwester 119 018 abschleppen lassen.

Oben rechts: Über zwei Jahrzehnte bestimmte die Baureihe 120 des Bahnbetriebswerkes Gera das Betriebsgeschehen im Güterverkehr auf den umliegenden Eisenbahnstrecken. Die 120 050 hat mit ihrem Zug bei Kraftsdorf (KBS 565, Erfurt – Weimar – Jena – Gera) den schwersten Abschnitt, die Steigung von Hermsdorf nach Klosterlausnitz, noch vor sich. Foto: Gunter von Hartwig

Bei Göschwitz (KBS 560, Leipzig/Halle – Jena – Saalfeld) legt sich am 20. September 1982 die 41 1150 als Ersatz für das ausgefallene „U-Boot" ins Zeug, um den Güterzug in Richtung Saalfeld zu befördern. Foto: Ralf Lüderitz

Nach der Abfahrt eines InterCitys nach München wartet am 9. Februar 1995 die Leipziger 155 113 vorübergehend im Durchfahrgleis in Richtung Ludwigsstadt. Zeit genug, um die nächtliche Impression in Probstzella (KBS 840, Saalfeld/S – Lichtenfels) aufzunehmen. Nach Beendigung der Bauarbeiten zum Lückenschluß Deutsche Einheit ist dieses Bild mit Zugzielanzeigern und Mitropa-Imbiß nicht mehr wiederholbar, auch passen die alten hölzernen Bahnsteigdächer nicht mehr zum „modernen“ Einheitsdesign der Deutschen Bahn. Foto: Bernd Eisenschink

Als erste Eisenbahn erreichte 1871 die von der Thüringischen Eisenbahngesellschaft gebaute Verbindung Gera – Eichicht (Saale) den heutigen Eisenbahnknoten Saalfeld. Die zwischen Gera und Unterwellenborn reparationsbedingt eingleisige Strecke verfügt heute noch weitgehend über Formsignale und Telegrafenmaste.
Im letzten Abendlicht durchfährt am 22. Mai 1998 die 219 039 mit der letzten Üg 67 104 von Lobenstein über Triptis nach Saalfeld den Bahnhof Oppurg (KBS 555, Saalfeld – Gera). Foto: Olaf Buhler

01 0522-1
W

Linke Seite: Langsam und ohne jede Eile beschleunigt am 7. August 1981 die 01 0522 in Leipzig-Leutzsch (KBS 560) den P 3025 Leipzig – Saalfeld. Ein Großteil der fast fünf Stunden währenden Reise liegt noch vor der markanten Schnellzuglokomotive. Ausbleibende Kohlelieferungen verhalfen dem ölgefeuerten Renner zu einem kurzfristigem Comeback, dessen Ausmusterung zwei Jahre später erfolgte. Foto: Gunter von Hartwig

Rechts: Über viele Jahre hinweg oblag den im Bahnbetriebswerk Leipzig West stationierten Altbau-Elloks der Baureihe E 44 die Beförderung des P 7606 Espenhain – Leipzig. Wenige Reisende warten am 15. Juni 1988 in Leipzig-Ost auf den von 244 031 beförderten Zug. Die Szenerie mit bröckelndem Putz spricht eine eigene Sprache. Von den nach der Wende versprochenen blühenden Landschaften ist hier auch zehn Jahre später weit und breit keine Spur zu sehen. Foto: Gunter von Hartwig

Zum Aufgabengebiet der Engelsdorfer 52.80 gehörte die Beförderung eines ganzjährig verkehrenden Durchgangsgüterzug zwischen Leipzig und Eilenburg. Pünktlich zum Sonnenuntergang räuchert am 20. April 1985 bei Jesewitz (KBS 215, Leipzig – Cottbus) die 52 8186 mit der Rückleistung nach Leipzig dem Fotografen Gunter von Hartwig vor die Linse.

Auf Gleis 19 des Leipziger Hauptbahnhofes wartet am 30. Mai 1982 die 254 114 mit einem Postzug auf die Ausfahrt. In ihren 22 Dienstjahren bei der DR legte die Altbau-Ellok gut 2,5 Millionen km zurück. Vom Raw Dessau aufgearbeitet, war die Maschine bei folgenden Bahnbetriebswerken beheimatet: Halle P (2. 11. 57–5. 02. 66), Zwickau (6. 02. 66–30. 06. 70), Reichenbach/Vogtl. (01. 07. 70–16. 03. 79) und in Engelsdorf (29. 12. 79–12. 06. 89). Foto: Georg Dollwet

Oben: „Kundenfreundlichkeit und Service" – welchen Stellenwert diese Schlagworte heute bei den Verantwortlichen der Bahn haben, ist fraglich. Über Jahre hinweg ist die ständige Fehlplanung der Fahrpläne zu beobachten. Betroffen sind vielfach die Anschlüsse des Nahverkehrs mit zu kurz oder zu lang disponierten Übergangszeiten und umsteigeintensiven Verbindungen. Als Beispiel sei der Reisende vom Leipziger Hauptbahnhof nach Groß Dalzig (KBS 550, Leipzig – Gera) im Jahresfahrplan 1992/93 genannt. Um sein 30 Kilometer entferntes Ziel zu erreichen, heißt es zunächst mit der S-Bahn nach Leipzig-Leutzsch zu fahren und hier umzusteigen. Bei korrekter Fahrtrichtung entspricht dies einer Reisezeit von 56 Minuten. Benutzt der Fahrgast jedoch vom Hauptbahnhof den Eilzug nach Pegau und fährt von dort mit dem Gegenzug zurück, ist sein Ziel eine Viertelstunde schneller zu erreichen. Eine sichere Leistung der im Bw Leipzig-Süd stationierten V 180 sind die besagten Nahverkehrsleistungen zwischen Leipzig-Leutzsch und Gera. Im Leipziger Industriegebiet ist am 17. Mai 1993 die 228 803 mit dem N 7165 fast allein auf weiter Flur. Foto: Günter Dittrich

Rechte Seite: Freie Fahrt heißt es am 20. Mai 1990 in Niederau (KBS 500, Leipzig – Dresden) für die Engelsdorfer 254 153 mit ihrem Güterzug. Foto: Joachim Gutjahr

254 153-0

Linke Seite: Auf der „sächsischen Pleitemeile“ ist bei Waldheim (KBS 520, Riesa – Chemnitz) am 15. Mai 1994 der stilrein aus Rekowagen gebildete N 5818 unterwegs. Foto: Gerhard Bank

Oben: Im Sommerfahrplan 1995 übernahmen die Dresdener E 42 einige Regionalexpreßzüge auf der Kursbuchstrecke 510 zwischen Dresden und Zwickau. Am 10. Juli 1995 ist die 142 165 in diesem Plan tätig. Der RE 3402 überquert den Viadukt bei Oberschöna infolge Bauarbeiten auf dem linken Gleis. Knapp zwei Jahre später wurden die letzten sächsischen „Holzroller“ zum Betriebshof Magdeburg Hbf umbeheimatet. Foto: Jörg Lempe

Oben: Mit dem E 681 Berlin – Zittau am Haken, hat die 118 684 am 5. Mai 1990 ihre Reise in die Lausitz bei Mittelherwigsdorf (KBS 235, Dresden – Zittau) bald beendet. Nur wenige Jahre später ist die Zugbildung aus Postwagen, langen Halberstädtern, Modernisierungswagen und Postwagen bereits historisch. Die am 26. September 1968 in Dienst gestellte und zuletzt in Zittau beheimatete V 180 verabschiedete sich nach 25 Jahren aus dem Betriebsdienst. Foto: Gerhard Bank

Rechte Seite: Zwischen Reichenberg und Warnsdorf verkehren die Züge der ČD im Korridorverkehr über die alte Tuch- und Leineweberstadt Zittau. Bei Mittelherwigsdorf (KBS 235, C 2) ist der im Depot Reichenberg stationierte 830 090 mit zwei Beiwagen der Baureihe 020 als P 6228 am 22. Juli 1997 auf dem Weg nach Warnsdorf. Seit 1949 stehen die Triebwagen der Baureihe 830 im Dienst und sind derzeit die ältesten im Planeinsatz befindlichen Fahrzeuge der ČD. Foto: Martin Werth

Für die Beförderung staubförmiger Güter beschaffte die DR ab 1957 den UIC-Standardwagentyp Zkz 54/Uce (9020) mit einem Ladevolumen von 25 m^3 Inhalt. Der ständig steigende Bedarf, speziell für den Transport von Zement, führte ab 1963 infolge mangelnder Kapazitäten im heimischen Waggonbau zu einem umfangreichen Beschaffungsprogramm. Neben Importen aus Jugoslawien, Frankreich und Rumänien lieferte die Waggonfabrik Uerdingen im Jahre 1970 250 Waggons. Man muß berücksichtigen, daß in der ehemaligen DDR dieser wichtige Baustoff auch auf kürzesten Relationen lose auf der Schiene transportiert wurde. Ganzzüge von 1000 Tonnen und mehr waren eher die Regel als die Ausnahme. Hp 2 heißt es am 2. Mai 1994 in Bautzen für die 228 770 mit ihrem sogenannten „Zwiebelzug“, während die 346 636 an diesem Tag für das Rangiergeschäft zuständig ist. Foto: Oliver Austen

Imposant sind, auch fast 150 Jahre nach ihrer Inbetriebnahme am 15. Juli 1851, die technischen Daten der Göltzschtalbrücke (KBS 510/530). Mit einer Länge von 574 m, in vier Etagen mit 81 Bögen und einer Höhe von 78 m ist sie die größte Ziegelsteinbogenbrücke der Welt. Über 26 Millionen Ziegelsteine, 151 244 m^3 Natursteinquader und 48 525 m^3 Bruchsteine sind für ihren Bau benötigt worden. Die Ausführung des doppelstöckigen Mittelbogens ist aufgrund technischer Schwierigkeiten erfolgt. In der Baugrube für den ursprünglich in der Talsohle gelegenen Pfeiler stieß man in 15 m Tiefe auf nicht tragfähigen Boden. Um den Vorstoß in größere Tiefen zu vermeiden und die Gefahren für die durch Wasser, Schnee und Eisgang bedrohte Baugrube abzuwenden, entschloß sich der Oberingenieur Wilke zu dieser Lösung.
Fabrikneue Automobile rollen am Haken einer Reichenbacher „Ludmilla“ am 4. August 1992 über das bekannte Bauwerk. Foto: Georg Wagner

DB
610 510-0

Linke Seite: Maßstäbe setzte die DB mit der Einführung der Triebwagen der Baureihe 610. Die in kurzer Zeit auf der Basis des 628 mit praxiserprobter Fiat-Neigetechnologie entwickelten „Pendolinos" waren auf Anhieb ein voller Erfolg. Finanziert wurden die 20 Fahrzeuge durch den Freistaat Bayern. Die gute Resonanz weckte in den anderen Bundesländern ebenfalls Begehrlichkeiten, mit vergleichsweise geringen Mitteln den Personenverkehr auf fahrdrahtlosen Strecken attraktiver zu gestalten.
Anstatt auf die ausgereifte Technik zu setzen, wurde eine folgenschwere Fehlentscheidung getroffen. Die Verantwortlichen der DB AG setzten auf eine Neuentwicklung der Firma Adtranz, die sich zu einem der größten Flops der Deutschen Eisenbahnindustrie zählen darf. Die Pleiten-, Pech- und Pannenserie des RegioSwingers der Baureihe 611 bedarf kaum einer näheren Erläuterung.
Unbeeindruckt von dieser unrühmlichen Entwicklung zieht der 610 erfolgreich seine Runden durch Ostbayern und erfreut sich großer Beliebtheit bei den Reisenden. Am 5. Mai 1998 verläßt, mit dem 610 510 an der Spitze, der RE 3678 Bayreuth – Nürnberg den zwischen Rothenbruck und Velden gelegenen Rothenfelstunnel (KBS 860). Foto: Udo Kandler

Rechts: Zu den herausragenden Leistungen der Baureihe 229 zählt die Beförderung des InterRegio-Zugpaares 2560/61 von und nach Nürnberg. Bereits auf der Rückfahrt durch die Hersbrucker Schweiz befindet sich am 30. Juli 1995 die 229 106 mit dem IR 2561 (Karlsruhe – Gera). Bei Lungsdorf (KBS 860/891.3 Nürnberg – Pegnitz – Bayreuth/Kirchenlaibach), zwischen den Haltepunkten Rupprechtstegen und Velden, wird der Zug sogleich in den lediglich 80 m langen Hufstätte-Tunnel einfahren. Foto: Bernd Eisenschink

Oben: Die Wasserscheide Fichtelgebirge erhebt sich mit dem Ochsenkopf und dem Schneeberg auf über 1000 Meter Seehöhe. Viele bekannte Flüsse wie die Eger, die Saale, der Weißmain, die Fichtelnaab, werden von hier aus in die Welt geschickt. Ein „Bilderbuch-Rauhreif", wie es ihn alle Jahre nur einmal gibt, überzog am 5. Februar 1993 die Landschaft im oberfränkischen Marktleuthen/Eger. Bei Röslau (KBS 855, Hof – Weiden) röhren die beiden Hofer 211 026 und 211 035 mit einem Bedarfsgüterzug durch den Naturpark.

Das „Sechsämterland" nennt sich bis heute das grüne Herz des Fichtelgebirges, in Erinnerung an die Zeiten der Markgrafen von Bayreuth. Bekannter allerdings ist die Herstellung zerbrechlicher Kostbarkeiten in dieser Region, die auch heute zu den Hochburgen der deutschen Porzellanindustrie zählt. Foto: Markus Wohlfart.

Rechte Seite: Neben dem „Pendolino" verdrängten alsbald nach der Wende die „Ludmillas" der Deutschen Reichsbahn die bis dahin zahlreich eingesetzten Lokomotiven der Baureihe 218. Aus Nürnberg kommend, meistern am 6. Mai 1998 die Reichenbacher 232 079 und 232 449 mit vereinten Kräften nahe Rothenbruck (KBS 860, Nürnberg – Bayreuth/Kirchenlaibach) den Anstieg aus dem Pegnitztal hinauf in Richtung Fichtelgebirge. Foto: Udo Kandler

232 079-4

Im Jahre 1982 erbrachten die Altbau-Elloks der Baureihen 194/194.5 der Bw Nürnberg Rbf und Ingolstadt etliche Leistungen zwischen Passau/Regensburg und Nürnberg. Eine Vertreterin der Baureihe überquert am 15. September 1982 mit dem Ng 61 460 Regensburg-Obertraubling – Nürnberg Rbf die Donaubrücke zwischen Regensburg-Prüfening und Maria Ort (KBS 880, Nürnberg – Regensburg). Foto: Bernd Eisenschink

Mit dem E 3422 von Passau kommend, ist die 118 047 am 17. Mai 1983 bei Laaber in der Oberpfalz (KBS 880) noch viele Kilometer von ihrem Zielbahnhof Würzburg entfernt. Lediglich ihre Schwestermaschine 118 016 ist ebenfalls mit den allseitsbeliebten alten Lampen ausgerüstet. Foto: Bernd Eisenschink

Links: Nicht nur der Eisenbahn stellte sich die Fränkische Alb in den Weg. Wenige Kilometer vom bekannten Felsentor in Etterzhausen (KBS 880, Nürnberg – Regensburg) entfernt, hat sich die Donau in Jahrtausende währender Arbeit durch die Kalkfelsen des Jura genagt. Die Weltenburger Enge darf sich zu Recht zu den schönsten europäischen Flußlandschaften zählen. Für den Interessierten besteht die Möglichkeit, von Kehlheim aus mit dem Schiff einen Abstecher zum Kloster Weltenburg zu unternehmen. Im Biergarten der hier ansässigen Klosterbrauerei lassen sich zudem die Künste der bayerischen Bierbrauer genießen. Dieser Genuß ist am 24. Juli 1992 dem Personal der sich auf dem Weg nach Regensburg befindlichen 1010 006 nicht gegönnt. Foto: Georg Wagner

Rechte Seite: Das landschaftlich schöne Altmühltal ist für die prähistorischen Tier- und Pflanzenfunde bekannt. Bei Solnhofen zeigt sich der Fluß noch in naturbelassenem Zustand, der sich einige Kilometer weiter südlich in die Großschiffahrts-Straße Rhein-Main-Donau-Kanal verwandelt. Am frühen Morgen des 28. Juli 1990 befördert hier die 110 377 die Reisenden des D 2181 „Tirol-Express“ Hamburg – Innsbruck in den wohlverdienten Urlaub. Foto: Georg Wagner

Von Hof kommend, hieß es für den D 999 in Regensburg Hbf „Kopf machen“. Die weitere Beförderung des Schnellzuges nach München übernimmt am 13. Februar 1982 die Würzburger 118 016. Zu diesem Zeitpunkt waren die Tage der eleganten Schnellzugmaschinen bereits gezählt. Die in der Auslieferung befindlichen Lokomotiven der Baureihe 111 verdrängten die Altbau-Elloks der Baureihe E 18 zum Sommerfahrplan 1984 endgültig aus dem Betriebsdienst. Ein Jahr zuvor, im Mai 1983, wurde die 118 016 mit elf weiteren Loks der Baureihe E 18 abgestellt. Foto: Ulrich Wehmeyer

Zu den modernsten elektrischen Lokomotiven der Deutschen Bundesbahn zählten im Jahre 1987 die mit Drehstromtechnik ausgerüsteten Maschinen der Baureihe 120. Zu diesem Zeitpunkt war das Aw München-Freimann unter anderem mit der Inbetriebnahme dieser Lokomotiven beschäftigt. Am 24. Oktober 1987 werden die entsprechenden Arbeiten an der 120 111, 120 115, 120 116, 120 118 und 120 121 vorgenommen. Im Rahmen der Strukturanpassungen ist das Ausbesserungswerk inzwischen stillgelegt und die Unterhaltungsarbeiten nach Opladen verlagert worden. Foto: Bernd Eisenschink

4010 028-1

Linke Seite: Als Korridorzüge verkehrten aus den ÖBB-Triebwagen der Baureihe 4010 gebildete Doppeleinheiten über die heutigen Kursbuchstrecken 950 und 951 (Kufstein – München – Salzburg). In alter Farbgebung führt am 23. Juli 1988 der 4010.028 eine solche Garnitur zwischen Freilassing und Traunstein durch das deutsche Voralpenland. Darüber hinaus gelangten die formschönen Fahrzeuge auf den Gleisen der Bundesbahn bis zu ihrem nördlichsten Wendepunkt Frankfurt/Main. Foto: Michael Hubrich

Oben: Aber auch die österreichischen 1044 sind im Süden Deutschlands Stammgäste. Bei Axdorf (KBS 951) ist am 19. Oktober 1994 die Salzburger 1044 272 mit dem EC 63 „Bartok Bela" Stuttgart – Budapest auf Reisen. Angenehm fallen die attraktiven Farben des EuroCity und seiner Zuglok auf. Die 1928 elektrifizierte Strecke München – Salzburg ist hier noch mit der alten Reichsbahnfahrleitung ausgestattet. Foto: Markus Wohlfart

Das Münchener Umland bietet, aufgrund der geographischen Lage und den entsprechend verlaufenden Eisenbahnlinien, vielfache Möglichkeiten, die Eisenbahn als Fotomotiv in zahlreichen Variationen mit Streif- und Gegenlicht umzusetzen.

Linke Seite: In Ost-West-Richtung verläuft der Streckenabschnitt München – Rosenheim (KBS 950/951) bei Ostermünchen. Auf der Steinbrücke hebt sich am 31. Dezember 1983 die 194 157 mit einem Güterzug als Silhouette vor dem Abendhimmel ab.

Oben: Fast zehn Jahre später strebt bei Haspelmoor (KBS 980, Ulm – Augsburg – München) am 12. Oktober 1993 der ICE 682 „Amalienburg" München Hbf – Hamburg der Fuggerstadt Augsburg entgegen. Fotos: Bernd Eisenschink

Oben: Ob die Reisenden des ICN 1501 Berlin-Lichtenberg – München Ost eine angenehme Ruhe im Komfort-Nachtzug gehabt haben? Bei Hochdorf (KBS 980, Ulm – Augsburg – München) legt sich am Morgen des 30. Juni 1995 die Seddiner 155 022 mit den Talgo-Wagen in die Kurve. Die Triebfahrzeugbespannung des InterCityNight gestaltete sich äußerst abwechslungsreich. Neben den Loks der Baureihen 103 und 113 machte sich lange Zeit die Baureihe 155 nützlich. Nach der DB-internen Aufteilung nach Geschäftsbereichen ist im Oktober 1998 die Bespannung von der Baureihe 101 übernommen worden. Foto: Bernd Eisenschink

Am 16. November 1986 präsentierte sich dem Fotografen eine spätherbstliche Bilderbuchlandschaft, mit freundlichen Tagestemperaturen sowie passenden Fotowolken zu jedem Zug. Erfreulicherweise verkehrte an jenem Tag die 111 068, zum Aufnahmezeitpunkt die einzige Münchener Lok der Baureihe 111 in neuroter Farbgebung. Zu den an diesem Tag von ihr beförderten Zügen gehörte unter anderem der IC 80 „Karwendel“ Mittenwald – Hamburg. Der InterCity hat soeben den Bahnhof Uffing am Staffelsee (KBS 960) durchfahren und wird vor seinem nächsten Halt Weilheim noch die Ortschaften Huglfing und Polling passieren. Foto: Bernd Eisenschink

Zu den wenigen Leistungen der Mühldorfer Diesellokomotiven der Baureihe 218 unter Fahrdraht gehörte mit zahlreichen Rangieraufenthalten das Übergabezugpaar 67420/67421 von Rosenheim nach Kiefersfelden und zurück. Unweit des Bahnhofes Brannenburg (KBS 950, München – Kufstein) befindet sich die 218 347 am Nachmittag des 8. Dezember 1980 auf der Rückfahrt. Die Rangierer sind sicherlich froh, sich auf der Lok aufwärmen zu können. Der Eiszapfen an der Lampe spricht unübersehbar eine deutliche Sprache. Foto: Bernd Eisenschink

Rechts oben: Zur Beseitigung immer wieder auftretender Schwierigkeiten mit der Zugheizung und Stromversorgung zwischen Dieselloks der Deutschen Reichsbahn und Bundesbahnwagen fanden im Winter 1991 Versuchs- und Meßfahrten im Allgäu statt. Die Züge waren mit der 218342, 132363 und 119066 bespannt und verkehrten zweimal täglich zwischen Buchloe und Lindau-Reutin. Der Dienstzug für Sonderzwecke 80538 befindet sich am 23. Januar 1991 auf der Nachmittagsfahrt an den Bodensee und hat soeben den kleinen Ort Zell im Allgäu (KBS 970, München – Lindau) passiert. Foto: Bernd Eisenschink

Rechts unten: Glück und Geduld gehören dazu, die von den Jahreszeiten geprägten Motive umzusetzen. Die volle Pracht des Frühlings ist nur an wenigen Tagen im Jahr zu bewundern. Bevor sich das Wetter von seiner schönen Seite zeigte, vergingen Tage des Wartens. Die frisch lackierten Kemptener 218474 und 218233 eilen am 3. Mai 1997 mit dem IC 714 „Allgäu“ Oberstdorf – Dortmund oberhalb des Niedersonthofener Sees (KBS 975, Oberstdorf – Ulm) durch ein „Meer“ von Löwenzahn. Foto: Christian Wenger

Zur nachfolgenden Seite 132: Der Betriebshof Kornwestheim erhielt im Frühjahr 1998 zur Personalschulung die BR 152 zugeteilt. Für die „Cargo-Lokführer“ folgte am 22. April 1998 nach trockener Theorie zu später Morgenstunde dann die Fahrpraxis. Die 152002 befördert den Tc 45645 die „Geislinger Steige“ (KBS 750) hinauf nach Ulm. Bereits eine gute Stunde später konnte man die Lok und ihre Mannschaft mit dem Güterzug 45640 auf der Rückfahrt nach Kornwestheim beobachten. Foto: Peter Rappold

DB Cargo
DB
152 002-2

Der Umlaufplan der Frankfurter 103er beinhaltete 1996/97 eine besondere Leistung: Von dienstags bis freitags kamen die Lokführer in den Genuß, das Beschleunigungsvermögen der 7780 kW starken Lok auszukosten. Die Lz 16205 von Stuttgart nach Ulm beförderte als Rückleistung den IC 714 „Allgäu“. Die Stimmung vor historischer Kulisse in Salach/Württ. (KBS 750) gab es für den Fotografen allerdings nicht planmäßig – die war am 28. Mai 1997 mit der abgelichteten 103 133 einfach Glück. Foto: Peter Rappold

Nichts Außergewöhnliches war am 17. Februar 1984 die Bespannung des D 388 Mailand – Stuttgart mit einer Lok der Baureihe 110. Im Stadtgebiet von Sulz am Neckar (KBS 740, Stuttgart – Singen) zeigt sich die 110 196 an der Spitze des Schnellzugs dem Fotografen Bernd Eisenschink im Streiflicht.

In der Fahrplanperiode 1986/87 gehörte der N 5247 Geislingen – Ulm zu den Leistungen der auf der „Geislinger Steige" im Schubdienst eingesetzten Lokomotiven der Baureihe 194, den am 7. März 1987 die 194 122 befördert. In Westerstetten (KBS 750) hatte der Zug planmäßig neun Minuten Aufenthalt. Während ein aus Ulm durchfahrender Güterzug mit der 194 053 bespannt ist, rauscht in Gegenrichtung ein weiterer Zug durch den Bahnhof. Foto: Harald Kudras

CISALPINO

Linke Seite: Die Gäubahn durchquert zwischen Stuttgart-Vaihingen und Böblingen ein ausgedehntes Waldgebiet. Eine Vielzahl an unterschiedlichsten Fahrzeugtypen, bis hin zur Stuttgarter S-Bahn ist hier zu beobachten. In seinem Hausrevier fotografierte in frühen Reichsbahnzeiten der bekannte Eisenbahnfotograf Alfred Ulmer nicht nur die württembergische C (BR 18.1) oder die P 10 (BR 39). Im Rohrer Wald (KBS 740) begegnet am 29. März 1998 dem Fotografen Hans Georg Knapp der CIS 157 Stuttgart – Mailand. Planmäßig wird der „Cisalpino", nach gut 7 Stunden Fahrzeit, um 22.45 Uhr sein fernes Ziel erreichen. Der mit Neigetechnik ausgerüstete italienische Triebwagen ETR 470, zunächst zwischen Mailand und Zürich eingesetzt, erreicht seit dem Herbst 1997 die schwäbische Metropole Stuttgart.
Oben: Weit schweift der Blick vom Gäu über Ammer- und Neckartal hinüber zur Schwäbischen Alb. Nicht jeden Tag bietet sich dem Betrachter eine solch schöne Fernsicht auf die gut 30 km entfernte Bergkulisse. Am 31. Mai 1997 ist die Stuttgarter 110 241 mit dem D 388 Mailand – Stuttgart bei Herrenberg (KBS 740) unterwegs. Nur 20 Minuten später wird der aus Schweizer Einheitswagen gebildete Schnellzug in den Dunst des Stuttgarter Talkessels eintauchen. Foto: Hans Georg Knapp

Nach erfolgreichen Testfahrten in einigen europäischen Ländern, insbesondere in der Schweiz und Norwegen, war der „Eurosprinter", bzw. die 127 001, unter anderem im Plandienst auf der Hauptbahn Stuttgart – Ulm (KBS 750) eingesetzt. Im Filstal zwischen Uhingen und Ebersbach befördert dieser Technologieträger am 27. März 1994 den IR 2192 Salzburg – Karlsruhe, der 1998 erneut in den Plandienst zurückkehrte. Foto: Hans Georg Knapp

Immer wieder werden die Eisenbahnfotografen von Außenstehenden gefragt, warum sie so von der Eisenbahnfotografie fasziniert sind. Darauf finden sich viele individuelle Antworten. Stephan Czarnecki genoß fernab vom Alltagsstreß am 1. Februar 1996 bei Beimerstetten (KBS 750) die beschauliche Ruhe eines eisigen Wintertages auf der Schwäbischen Alb, als der durchfahrende IR 2265 Saarbrücken – Lindau seine Aufmerksamkeit für einen Moment beanspruchte.

Linke Seite: Ab Mitte der sechziger Jahre beschaffte die Deutsche Bundesbahn für den Einsatz auf Steigungsstrecken wie der Höllentalbahn oder der Schwarzwaldbahn die mit einer Widerstandsbremse ausgerüstete Baureihe E 40.1/139. Die inzwischen in München West stationierten Lokomotiven haben ein weitläufiges Betätigungsfeld, das sie u.a. ins Ruhrgebiet und an den Brenner führt. Zwei Maschinen dieser Baureihe befördern am 21. Juli 1984 bei Engen (KBS 740) einen Güterzug in Richtung Norden über die Gäubahn. Foto: Michael Hubrich
Oben: Der Schwarzwald zeichnet sich am 15. August 1997 im Dunst eines Sommertages lediglich als Schemen am Horizont ab. Bei Legelshurst (KBS 719, Straßburg – Offenburg) strebt der EuroCity 64 „Mozart“ seinem noch weit entfernt gelegenen Ziel Paris entgegen. In 13 Stunden und 32 Minuten legt der im Wiener Westbahnhof startende Zug eine Reisestrecke von 1410 km zurück. Für die 181 203 endet die Reise alsbald in Straßburg. Foto: Markus Wohlfart

TEE

Linke Seite: Zu den sicherlich schönsten Triebwagen auf deutschen Gleisen gehörte die Baureihe 601. Im letzten Jahr ihres Betriebsdienstes ist die heutige Museumsgarnitur 601 014/601 019 am 14. Februar 1988 bei Bruchsal (KBS 701) als Reisebüro-Sonderzug Dt 13 417 Dortmund – Augsburg auf dem Weg in südliche Gefilde.

Oben: Weit weniger langlebig als das am 13. August 1853 eröffnete Enz-Viadukt in Bietigheim waren die Einsätze des Lufthansa-Airport-Express, die 1993 ein Ende fanden. Als Resonanz auf den Erfolg der „Flughöhe Null" erweiterte die Lufthansa zunächst das seit 1982 bestehende Angebot zwischen Düsseldorf und Frankfurt 1990 um die Relation Frankfurt – Stuttgart. Bis zur Eröffnung der Neubaustrecke Mannheim – Stuttgart (KBS 771) am 2. Juni 1991 oblag den Loks der Baureihe 111 die Beförderung der Lufthansa-Züge. In Bietigheim überquert am 18. August 1990 der von 111 049 gezogene LH 1022 auf dem 32 m hohen Viadukt die Enz. Fotos: S. Czarnecki

Links: Der 7. März 1998 und diese Reise durch Deutschland neigt sich dem Ende entgegen. Mit den letzten Sonnenstrahlen ist bei Sechtem (KBS 470, Köln – Koblenz) eine unerkannt gebliebene E 10 auf dem Weg nach Köln. Alsbald heißt es vom 20. Jahrhundert und seinen Eisenbahnen Abschied zu nehmen. Foto: Gerhard Bank

Für die Unterstützung an diesem Buch möchte sich der Autor bei den Herren Werner Drescher, Paul Lauerwald, Axel Mehnert, Till Mosler, Andreas Müller, Michael Scheppan, Ingolf Schmidt, Bernd Schröder, Michael Schulz und Andreas Tscharn, sowie allen Bildautoren herzlich bedanken.

Literaturverzeichnis:

ADAC Verlag, München: ADAC MaxiAtlas Deutschland 1998/99;
Alba Buchverlag GmbH + Co. KG, Düsseldorf: Ernst Joachim, Elektrische Lokomotiven DRG/DB/DR, 1973;
Bertelsmann Lexikon-Verlag, Gütersloh und München: Die DDR und Berlin, 1990;
F.A. Brockhaus, Wiesbaden: Der Volksbrockhaus, 1975;
EK-Verlag, Freiburg: B. Rampp/D. Bäzold/F. Lüdecke, Die Baureihe E 94, 1990; Andreas Stange/Andreas Räntzsch, Die Baureihe V 180, 1995;
HB Verlag, Hamburg: Gabriele M. Knoll, Burgen und Schlösser am Rhein, 1991;
Frankh-Kosmos Verlags-GmbH & Co, Stuttgart: Gerhard Bank, Reichsbahn-Nostalgie, 1995; Gerhard Bank, Deutschlands Nebenbahnen, 1997;
Mairs Geographischer Verlag: Ausgaben der deutschen Generalkarten;
Karl Müller Verlag Erlangen: Dieter Maier, Der Rhein;
Interessengemeinschaft Schienenverkehr e.V, Schwarzenbruck: Ausgaben des BAHN-REPORT;
Horst-Werner Dumjahn Verlag, Mainz: Handbuch der deutschen Eisenbahnstrecken 1984;
VEB Tourist Verlag, Berlin/Leipzig: Hrsg. Bruno Benthien, Reiseführer DDR Hans-Joachim;
VEB Verlag für Verkehrswesen, Berlin: Hans-Joachim Kirsche, Bahnland DDR, 1990;
Kirsche/Hans Müller, Eisenbahnatlas DDR, 1988.

Deutschlands Nebenbahnen

Deutschlands Nebenbahnen

ABSEITS DER MAGISTRALEN

Herausgegeben von
Gerhard Bank

Kosmos

Bild Seite 1: In den frühen Morgenstunden des 9. Oktober 1995 versprechen die ersten Sonnenstrahlen einen goldenen Oktobertag – Nebenbahnidylle bei Carpin (KBS 187, Neustrelitz Süd–Feldberg). Foto: Gerhard Bank
Bild Seite 2: Auf dem Kummerower See gaben sich am 30. Juni 1995 Motor- und Segelboote ein frühsommerliches „Stelldichein", als die Neustrelitzer 202511 mit der RB 15635 Dargun–Malchin (KBS 177) den bekannten Aussichtspunkt bei Salem erreicht. 11 Monate später, am 1. Juni 1996, endet der reguläre Zugverkehr auf dieser Nebenbahn. Von der Stillegung ist ebenfalls die Strecke Malchin–Waren (KBS 178) betroffen. Foto: Gerhard Bank
Die Bildlegenden wurden von den Bildautoren sowie Norbert und Gerhard Bank erstellt.

Bildnachweis:
Mit 145 Fotos aus den Archiven von Oliver Austen (1), Peter Bäuchle (1), Gerhard Bank (30 + Rücktitel), Norbert Bank (5), Andreas Burger (1), Michael de Clerque (3), Günter Dittrich (1), Georg Dollwet (1), Bernd Eisenschink (13), Hans-Jürgen Hackl (4), Michael Hafenrichter (6), Gunter von Hartwig (3), Michael Hubrich (8), Wolfgang Herdam (2), Rudolf Heym (2), Josef Högemann (2), Jürgen Hörstel (6), Rolf Houben (2), Hans-Joachim Jakubowski (1), Udo Kandler (1 + Titel), Thomas Menzel (2), Johannes Rensing (1), Ingolf Schmidt (1), Michael Schulz (2), Bernd-Oliver Sydow (8), Jürgen Teubner (1), Andreas Tscharn (4), Georg Wagner (21), Ulrich Wehmeyer (4), Christoph Weinkopf (1), Martin Werth (2), Markus Wohlfart (2), Oliver Wunder (3).

Inhalt

Vorwort

Der vorliegende Bildband führt durch die Bahnlandschaften der deutschen Staatsbahnen. Erstmals in dieser Form widmet sich ein Buch den Eisenbahnen, die nicht als Fernverbindungen, Magistralen oder Rollbahnen zu bezeichnen sind. Neben klassischen Nebenbahnen sind auch jene Schienenstränge zu finden, die ihre ihnen zugedachte Bedeutung als Hauptbahn verloren beziehungsweise nie erlangt haben. Gerade an diesen selten in den Schlagzeilen zu findenden Verkehrswegen sind oftmals der Charme und die Ruhe vergangener Tage erhalten geblieben.
Über die hinlänglich bekannten verkehrspolitischen Entscheidungen und ihre Folgen für den Schienenverkehr haben zahlreiche Publikationen ausführlich berichtet. Daher möchte ich Ihnen, lieber Leser, erzählen, warum mich diese unscheinbaren Gleise in ihren Bann gezogen haben: Meine Eltern wurden jeweils einen Steinwurf weit von den Strecken Halle – Kassel und Leinefelde – Wulften entfernt geboren. Ihr weiterer Lebensweg führte sie in das Rheinland. Da in den sechziger Jahren die Einreise in die DDR nur mit der Eisenbahn möglich war, wurde der Kölner Hauptbahnhof stets zum Ausgangspunkt für die alljährlichen Reisen in den ersehnten Sommerurlaub. Unsere Familie verbrachte diesen bei den Großeltern im Eichsfeld. Nach fast achtstündiger Fahrt erreichte der Dresdener Schnellzug die alte Residenzstadt Gotha. Am Bahnsteig 1a wartete bereits der Bummelzug nach Leinefelde. Vor die Garnitur aus Rekowagen setzte sich nach geraumer Zeit eine Lokomotive der Baureihe 38. Mit der Abfahrt begann das Auf und Ab der Telegrafendrähte. Das intensive Tamtam der Schienenstöße vermischte sich mit dem eigentümlichen Laufgeräuschen der zwei- und dreiachsigen Reisezugwagen, während sich der am Fenster vorbeiziehende Abdampf über Wiesen und Felder wälzte.
In Leinefelde angekommen, gab es einen weiteren Höhepunkt: das Umsetzen der Lokomotive auf der unmittelbar am Bahnhofsgebäude gelegenen Drehscheibe. Die hierfür erforderliche Druckluft wurde über den Bremsschlauch dem Triebfahrzeug entnommen. Mit einem heulenden Geräusch setzte sich der „Weichenersatz" in Bewegung. Nach dem Abrücken der Lok in die Einsatzstelle gingen wir zu

den Anschlußzügen in Richtung Arenshausen oder Teistungen. In Abteilwagen oder Donnerbüchsen, bespannt mit Lokomotiven der Baureihen 64 beziehungsweise 65.10, wurden die letzten Kilometer der Reise zurückgelegt.
Häufig diente die oben abgebildete Holzbrücke als Spielplatz. Verbotenerweise mußten sich im Sichtschutz des alten Gebälks Kronenkorken und Groschenstücke einem Härtetest zwischen den Radreifen der 65.10 und dem Schienenkopf unterziehen. Trotz aller Vorsicht erwischte uns einmal der Breitenbacher Dienststellenleiter. Er beließ es bei einer Ermahnung und verriet niemanden.
Die brennende Frage für meine Spielkameraden und mich: Kann man mitten auf der Brücke am Geländer stehen und runterschauen, wenn der Dampfzug kommt? Wir konnten, und der Dampf nahm uns bei weitem nicht so sehr den Atem, wie dies Jahre später der Dieselqualm vermochte. Von dieser Brücke aus entstand im Sommer 1975 mein erstes Reichsbahnfoto. Mit Vaters alter Agfa-Isolette im Format 6x6 lichtete ich den Güterzug nach Teistungen ab. Ein Jahr später wollte ich an der Strecke Leinefelde – Teistungen nochmals und in Farbe fotografieren, doch hatten die 65.10 in Leinefelde leider ausgedampft und die Reichsbahn-V 100 ihre Nachfolge angetreten. Auf den zahlreichen Fotoexkursionen jenes Sommers wandte ich mein Interesse immer mehr den Nebenstrecken zu, mochten die Großstadtbahnhöfe mit ihren Schnellzugdampflokomotiven auch noch so schön sein. Auf dem Land waren die Eisenbahner freundlicher und die Transportpolizei nicht so allgegenwärtig. In Gerbstedt forderte mich das Lokpersonal regelrecht auf, die Gleise zu überschreiten und den dem Bahnsteig gegenüber liegenden Hang hinaufzusteigen. Von hier oben bot sich ein Ausblick auf die vor dem Lokschuppen stehenden 86er und den Bahnhof. Zu Hause kam das Ende der Dampflokzeit, und mir stellte sich die Frage, was nun – Schluß mit den Fotos? Mit dem Motorradfahren fand sich zunächst ein neues Hobby. Diese Touren führten oft an abgelegenen Schienensträngen entlang. Die Kamera war ohnehin dabei, und so entstanden nun Fotos von der „ach so ungeliebten" modernen Traktion.
Das Gefühl, auf diese Art und Weise Land und Leute besser kennenzulernen als mit dem Reiseführer, zog mich immer wieder hinaus. Mit den meisten dieser Eisenbahnen verbinde ich ein Bild der friedlichen Idylle und die Freude am Entdecken von Motiven und Eisenbahnrelikten aus einer nicht wiederkehrenden Zeit. Das alles gibt es selten in der hektischen Unrast, die Hauptstrecken und ihr Umfeld verbreiten.
Die anstehenden und tiefgreifenden Veränderungen mögen bitter nötig sein für den Fortbestand der einen oder anderen Bahn. Dieser Wandel und die weiter fortschreitende Zersiedelung der Landschaft werden jedoch nur wenig von dem Flair zurücklassen, das auf den folgenden Seiten zu finden ist.
Im Namen des Herausgebers bedanke ich mich bei allen Beteiligten für die umfangreiche Unterstützung und wünsche Ihnen nun viel Spaß auf der Reise dorthin, wo ich immer gerne unterwegs war – abseits der Magistralen.

Norbert Bank

60
360 368-5
Raiffeisen HaGe
Baustoff

Bild Seite 5: Der Zahn der Zeit hat bereits kräftig an der alten Holzbrücke in Breitenbach (KBS 599, Leinefelde – Teistungen) genagt. Am 29. Mai 1992 ist das kleine Stillleben aus Brücke und Telegrafenmast noch vollständig. Nur wenig später ist die Telegrafenleitung verschwunden und die baufällige Brücke wegen Einsturzgefahr gesperrt. Foto: Gerhard Bank

Linke Seite: Auf dem Anschlußgleis zu den Hafenanlagen der schleswig-holsteinischen Landeshauptstadt Kiel befördert die 360368 am 27. Juli 1991 einen Übergabezug. Als Fotostandpunkt diente dem Fotografen eine Straßenbrücke, von der sich auch das Geschehen im inzwischen elektrifizierten Kieler Hauptbahnhof beobachten läßt. Zum Zeitpunkt der Aufnahme gab es im Bereich der DB noch 468 Lokomotiven dieser Baureihe. Foto: Michael Hubrich

Oben: Nur wenige Meter nachdem am 27. Juli 1991 der 628223 als RB 4256 den Kieler Hauptbahnhof verlassen hat, passiert der Triebwagen die Anlagen des ehemaligen Bahnbetriebswerkes Kiel. Der 81 Kilometer lange Schienenstrang nach Flensburg (KBS 145/146) wurde von der Kiel-Eckernförde-Flensburger Eisenbahn-Gesellschaft 1881 für den Verkehr freigegeben und ging am 1. Juli 1903 in das Eigentum Preußens über. Foto: Michael Hubrich

Links: Ab 1952 beschaffte die Bundesbahn für den Fern- und Städteschnellverkehr die Triebwagenbaureihen VT 08.5 und VT 12.5. Aufgrund ihrer charakteristischen Kopfform waren sie bald als „Eierköpfe“ bekannt. Mit der fortschreitenden Elektrifizierung verloren die Triebwagen der Baureihe VT 08.5 ihr Betätigungsfeld. Zwischen 1962 und 1971 erfolgte der Umbau zum VT 12.6/613. Gegenüber den mit Mitteleinstieg ausgerüsteten VT 12.5/612 wurde die außenliegende Türanordnung nicht geändert. Die Außerdienststellung der zuletzt vom Bw Braunschweig eingesetzten 612/613 erfolgte bis 1985. Am 8. April 1980 ist als E 3168 (Kiel – Flensburg, KBS 145/146) bei Süderbrarup ein vierteiliger 613 des Bw Hamburg-Altona unterwegs. Foto: Georg Wagner

Rechte Seite: Zwischen 1954 und 1965 nahm die Deutsche Bundesbahn insgesamt 232 Akkutriebwagen ETA 150/515 sowie 216 Steuerwagen ESA 150/815 in Betrieb. Am 9. April 1980 erhält der aus dem 815 765 und 515 107 gebildete N 3385 Einfahrt nach Albersdorf (KBS 123/132 [Büsum] – Heide – Neumünster). Gut 23 Jahre war der 515 107 in Husum beheimatet. Nach einem bewegten Leben bei verschiedenen Bahnbetriebswerken – München Ost 1957/58 – Husum 1958/77 – Hameln 1977 – Husum 1977/81 – Wanne-Eickel 1981/82 – wurde er in Worms am 30. Juli 1984 ausgemustert. Foto: Georg Wagner

815 765-3
Vorsichtig verschieben
49

HOHENWESTEDT

Linke Seite: Die Strecke Heide – Neumünster (KBS 123/132) war Mitte der achtziger Jahre eines der letzten Einsatzgebiete von Schienenbussen in Schleswig-Holstein. Vor allem dem Schülerverkehr diente der mittägliche N 5160 aus Neumünster, der bereits in Hohenwestedt endete. Am 22. Mai 1986 bestand die fünfteilige Garnitur aus den Husumern 998 892, 998 268, 798 777, 998 890 und 798 776. Nach wenigen Minuten Aufenthalt wird der Zug – nicht ausgelastet – als N 5160 nach Neumünster zurückkehren. Der drohenden Stillegung durch die DB entging die knapp 63 Kilometer lange Strecke sieben Jahre später im Mai 1993. Die Übernahme erfolgte durch die Eisenbahngesellschaft Altona – Kaltenkirchen – Neumünster (AKN). Zur Erhaltung des Personenverkehrs sind seitdem etwa 16 Millionen DM überwiegend für die Modernisierung der Signalanlagen und Bahnsteige investiert worden. Foto: Jürgen Hörstel

Rechts: Freie Fahrt für den E 2872 Kassel – Flensburg. Nach dem Zwischenhalt in Plön (KBS 145, Flensburg – Kiel – Lübeck – Lüneburg) beschleunigt die 220 074 am 5. August 1978 ihren Zug. Die Beschaffung dieser zweimotorigen Großdiesellokomotiven der DB erfolgte zwischen 1953 und 1959. 1959 wurde die von Krauss-Maffei gebaute 220 074 an die Bundesbahn übergeben. Nach dreiundzwanzig Dienstjahren erfolgte ihre Außerdienststellung am 30. Dezember 1982. Der weitere Lebensweg führte die Lok jedoch nicht auf den Schrottplatz. Bei der italienischen Privatbahn Ferrovie Padane (FP) fand sie eine neue Heimat. Foto: Georg Wagner

202 489-1

Linke Seite: Sturm mit Windstärke 9, in Böen 11, starke Regenfälle . . . lautete der Wetterbericht des Deutschen Wetterdienstes für die Nord- und Ostseeküste. Keine erfreulichen Aussichten für den 25. März 1995. Die Widrigkeiten des Wetters waren bereits bei der Anreise in die nordöstlichen Gefilde zu spüren. Mehrmalige Vergaservereisungen an meinem Kfz verhinderten ein frühzeitiges Eintreffen in Klütz (FBS 154). Der Gedanke, an diesem Tag den „Kaffeebrenner" mit Sonnenschein abzulichten, war bereits in weite Ferne gerückt. Allen Mißlichkeiten zum Trotz hatte Petrus ein Einsehen. Für wenige Momente riß der wolkenverhangene Himmel auf, um die bereits umgesetzte 202489 des Bh Schwerin mit dem N 14655 Klütz – Grevesmühlen in Szene zu setzen. Am 27. Mai des gleichen Jahres hieß es Abschied nehmen von diesem Mecklenburger Original. Foto: Gerhard Bank

Oben: Fast fünfzehn Jahre zuvor dampft am 19. Oktober 1980 im stimmungsvollen Abendlicht die Parchimer 504033 mit dem P 15340 bei Ruthenbeck (KBS 152, Schwerin – Parchim) durch die Mecklenburgische Seenplatte. Mit dem Jahreswechsel 1980/81 verabschiedeten sich die Lokomotiven der BR 50.40 des Bw Wittenberge aus dem Betriebsdienst. Im März 1985 hieß es endgültig „Feuer aus" für die Dampfloks der Rbd Schwerin. Foto: R. Houben

Oben: Raps, soweit das Auge reicht. Der SE 14113 eilt am 6. Juni 1996, geführt von der 119141, durch die weit geschwungene Hügellandschaft des nordwestlichen Mecklenburgs seinem nächsten Halt in Groß Brütz entgegen. Mit dem Sommerfahrplan 1996 wurde auf der KBS 153 Rehna – Schwerin der Zweistundentakt eingeführt. Die von der Mecklenburgischen Friedrich-Franz-Eisenbahn (M.F.F.E.) gebaute Strecke wird im Oktober 1997 ihr einhundertjähriges Betriebsjubiläum feiern. Foto: Gerhard Bank

Rechte Seite: Am 21. Mai 1996 erreicht die 219146 mit der RB 7619 von Wismar nach Karow den Bahnhof Borkow (KBS 156). Kurz darauf wird die 219099 mit der RB 7620 die Reise in Gegenrichtung antreten. Seit dem 2. Juni 1996 wird das Teilstück Sternberg – Karow nur noch im Güterverkehr betrieben. Foto: Gerhard Bank

Dorkow
219 146-8
4
4
3

202 272-1

Linke Seite: Nur an wenigen Tagen, wie am 22. Mai 1996, ließ die Sonne die Herzen der Eisenbahnfreunde höher schlagen. Eine kräftige Brise, ein großes Wolkenloch, und das Glück war perfekt. Bei bestem Fotohimmel eilt die 202 272 mit der RB 14961 Gnoien – Teterow an dem Teich bei Klein Lunow vorbei. Foto: Gerhard Bank

Oben: Die letzten GmPs der DB AG verkehrten auf der am 1. Juni 1996 für den Gesamtverkehr stillgelegten KBS 176, der ehemaligen Gnoien-Teterower Eisenbahn. Am 26. Mai 1995 erreicht der GmP 14954 Teterow – Gnoien den verschlafenen Bahnhof Poggelow. Der für einen Einkaufsbummel in Gnoien günstige Anschluß sorgt für reges Leben auf dem Bahnsteig. Für die 27 Kilometer langen Reisen zwischen den Endbahnhöfen benötigten die Züge eine Stunde und zwei Minuten. Schlechter Oberbau zwischen Thürkow und Groß Wüstenfelde waren für die lange Fahrzeit verantwortlich. Blumen pflücken während der Fahrt war auch bei Schrittgeschwindigkeit nicht erlaubt. Foto: Gerhard Bank

Oben: Die in Pasewalk stationierten Loks der Baureihe 232 erhielten mit dem Sommerfahrplan 1996 ein neues Betätigungsfeld. In dieser Fahrplanperiode, mit Güstrower Personal besetzt, bespannten sie das Zugpaar RB 4923/4926 Güstrow – Pritzwalk – Güstrow (KBS 174). Am 8. Juni 1996 erreicht die 232 649 mit ihrem Zug den beschaulichen Bahnhof Ganzlin. Die sich am Himmel auftürmenden Quellwolken verheißen nichts Gutes. Wenige Stunden später versinkt die Küste und Mecklenburg-Vorpommern im Unwetter. Die in Ganzlin von der ehemaligen Güstrow – Plauer Eisenbahn abzweigenden Gleise nach Röbel werden seit dem 1. November 1966 nur noch im Güterverkehr betrieben, der heute ausschließlich bei Bedarf verkehrt. Im Bf Röbel hat das Eisenbahnmuseum „HeiNa-Ganzlin" sein Domizil aufgeschlagen. Foto: G. Bank

Rechte Seite: Er war sicherlich der meistfotografierte Schienenbus Vorpommerns. Am 26. März 1995 wartet der 771 059 in der Mittagspause vor dem Tribseeser Bahnhofsgebäude (KBS 168, Velgast – Tribsees). Einhundert Jahre und neun Tage, vom 19. Mai 1895 bis zum 27. Mai 1995 verkehrten planmäßig Züge auf der ehemaligen Franzburger Südbahn. Aufgrund der seinerzeit hohen Kosten beteiligte sich die Kleinbahn nicht am Gemeinschaftsbahnhof Tribsees, sondern errichtete hier eigene Gleisanlagen. Das Empfangsgebäude nutzte man nur für den kommerziellen Verkehr. In dem einstigen Bahnknoten endeten im Dezember 1900 folgende Strecken: die Staatsbahn Rostock – Tribsees der M.F.F.E., die Privatbahn Greifswald – Grimmen – Tribsees der Greifswald-Grimmener Eisenbahngesellschaft, die Privatbahn Stralsund – Tribsees der Stralsund-Tribseeser Eisenbahngesellschaft und die Kleinbahn Velgast – Tribsees der Franzburger Südbahn. Nach dem Ende des Zweiten Weltkrieges blieb jedoch nur die Verbindung nach Velgast bestehen. Alle anderen Strecken wurden 1945 als Reparationsleistung für die damalige Sowjetunion abgebaut. Foto: Ingolf Schmidt

771 059-3
771 059-3

Linke Seite: Im Dambecker See bei Neustrelitz entspringt die Havel, ein rechter Nebenfluß der unteren Elbe. Auf 328 von insgesamt 337 Kilometer Flußlänge ist sie schiffbar. Bei Groß Quassow überquert die KBS 206.72 den bereits kanalisierten Fluß. Die 202 808 bespannt am 22. August 1996 die RB 5[illegible]14 Neustrelitz Süd – Wittstock. Der Zug, aus ehemaligen Schnellzugwagen und einem Modernisierungspackwagen gebildet, ist eine willkommene Abwechslung im sonst eher eintönigen Farballtag der DB AG. Die Reisenden erfreuen sich derweil an der Fahrt durch den Müritz-Nationalpark. Foto: Gerhard Bank

Oben: Auf eine über 800jährige Geschichte kann der Ort Feldberg (KBS 187, Feldberg – Neustrelitz) zurückblicken. Auf dem Weg nach Neustrelitz Süd passiert die 202 800 mit der RB 15912 am 6. Juni 1996 die markante Kulisse des in einer herrlichen Seenlandschaft gelegenen Ortes. Foto: Gerhard Bank

WALSLEBEN
Walsleben
772 105-3

Linke Seite: Priegnitz, Dosseniederung, Wittstock-Ruppiner Heide und die Ruppiner Platte, nordwestlich von Berlin gelegen, sind ein Einsatzgebiet der Wittenberger LVT. Am 22. August 1996 legt in Walsleben der 772 105 einen unfreiwilligen Fotohalt ein. Die auf dem vorderen Bahnsteigabschnitt anwesenden DB AG-Mitarbeiter veranlaßten den Triebfahrzeugführer zu einem Bedarfshalt. Das ehemalige Bahnhofsgebäude, nach Lenz-Normalien gebaut, präsentiert sich weitgehend im Originalzustand. Foto: G. Bank

Oben: Infolge von Modernisierungsvorhaben ruht auf der ehemaligen KBS 184/206.55 Neuruppin – Velten – (Hennigsdorf) seit Dezember 1995 der Personenverkehr. Dieser wird seitdem zwischen Berlin Zoologischer Garten und Neuruppin mit eigens hierfür in Regionalbahnfarben lakkierten Doppelstockbussen auf der Straße abgewickelt. Der N 5061 (772 147/972 747), auf dem Weg nach Hennigsdorf, erreicht am 6. April 1994 den Bahnhof Radensleben mit seinen eigenwilligen Außenlampen. Foto: B.-O. Sydow

Oben: 1995 war für die Eisenbahngeschichte Brandenburgs ein sicherlich schwarzes Jahr gewesen. Auf über 180 Kilometern des Streckennetzes wurde der Reise- und/oder der Güterverkehr eingestellt. Ebenfalls hiervon betroffen war die KBS 296 Angermünde – Bad Freienwalde. Eigentlich sollte am 23. Mai 1995 der mittägliche Personenzug nach Bad Freienwalde in Oderberg-Bralitz im Bild festgehalten werden. Durch die frühzeitige Ankunft am Bahnhof ergab sich ein Gespräch mit dem Fahrdienstleiter. Mit einem verschmitzten Lachen im Gesicht fragte dieser uns: „Welchen Zug wollt Ihr denn fotografieren?“ Auf diese Frage sicherlich nicht eingestellt, wurde uns sogleich aufs Pferd geholfen. „Gleich kommt ein Güterzug nach Angermünde durch“. Daß wir postwendend seine Räumlichkeiten verließen, ist bestimmt verständlich. Kurz darauf rauscht die 232 282 des Betriebshofes Frankfurt/Oder mit ihrem Kesselwagenzug durch den Bahnhof. Das Foto des nachfolgenden Personenzuges verhinderte wie so oft die „Wolke vom Dienst“. Foto: Gerhard Bank

Rechte Seite: Bei Niederfinow (KBS 296/206.60) hat am 11. April 1993 der E 3253 (Angermünde – Britz – Frankfurt/Oder – Cottbus – Dresden-Neustadt) erst einen kurzen Weg seiner 309 Kilometer langen Reise in das „Elbflorenz“ Dresden zurückgelegt. Die Eisenbahn folgt hier dem Lauf des Eberswalder Urstromtals und führt später durch den Oderbruch. Die hügelige Landschaft fällt wiederum vor dem Westufer der Oder steil ab. Dem technisch interessierten Eisenbahnfreund bietet sich zugleich die Gelegenheit, das bei Niederfinow gelegene Schiffshebewerk zu besuchen. Diese Einrichtung überwindet den großen Höhenunterschied zwischen Oder-Havel-Kanal und Alter Oder. Foto: Bernd-Oliver Sydow

Linke Seite: Für die 40 Kilometer von Beeskow nach Lübben Süd waren die vier Zugpaare auf der KBS 208 zwischen 88 und 10[illegible] Minuten unterwegs. Dies entspricht einer durchschnittlichen Reisegeschwindigkeit von ca. 26 km/h. So ist es wenig verwunderlich, daß auf den Gleisen der ehemaligen Niederlausitzer Eisenbahn der Personenverkehr nach 94 Jahren endete. Am 27. Mai 1995 rollte der letzte planmäßige Reisezug durch den Unterspreewald.

Träge wälzt sich die Spree unter den beiden Brücken hindurch, als die 202 530 mit dem N 4145 in den Morgenstunden des 21. Mai 1995 soeben den Bahnhof Briescht verlassen hat. Foto: Gerhard Bank

Oben: Auf den Gleisen der Prenzlauer Kreisbahn, der KBS 291 Strasburg – Prenzlau und der KBS 292 Prenzlau – Gramzow, vollzog sich das gleiche Schicksal. Mit dem Jahresfahrplan 1995/1996 übernahm die Gummi-Eisenbahn hier, wie üblich, den Personenverkehr. Am 24. Mai 1995, wenige Tage vor der Betriebseinstellung, steht am wohl kürzesten Bahnsteig Brandenburgs in Gramzow der N 15404 (972 772/772 172) abfahrbereit. Foto: Gerhard Bank

972 729-8
201 807-5

Linke Seite: Wie lange läßt sich solche Eisenbahnatmosphäre noch im Bild festhalten? In Wittstock (Dosse) passiert am 16. April 1995 die 201 807 mit dem N 5912 (auf dem Weg vom Neustrelitz Süd nach Wittenberge) den abgestellten 972 729/772 129, das kleine Bahnbetriebswerk und den gotischen Turm der Stadtbefestigung. Noch sind die Einrichtungen bis hin zur Drehscheibe und Wasserkran komplett. Drei Eisenbahngesellschaften errichteten zwischen 1881 und 1895 die Kursbuchstrecke 182 (206/206.72) auf folgenden Abschnitten: Wittenberge – Perleberg, die Wittenberge-Perleberger Eisenbahn; Perleberg – Wittstock – Dranse – Buschhof, die Priegnitzer Eisenbahn und auf dem Abschnitt Buschhof – Mirow – Neustrelitz die Mecklenburgische Friedrich-Franz-Eisenbahn. Foto: Oliver Wunder

Oben: Fast fünf Jahre zuvor ist man in Perleberg mit dem Abriß des Lokschuppens beschäftigt. Ob die fein säuberlich aufgestapelten Ziegelsteine eine neuerliche Verwendung finden? Ungeachtet dessen warten am 29. September 1990 die 100 113 und 100 129 auf ihren nächsten Einsatz. Die offenen Güterwagen sind bereits ausgemustert und harren ihrer letzten Fahrt zum Schrottplatz. Die Zukunft der Brandenburgischen Nebenbahnen ist bereits von der nächsten Stillegungswelle bedroht. Hiervon sind 1997 voraussichtlich 15 Strecken betroffen. Foto: Oliver Wunder

Oben: Über 40 Lokomotiven der V 200 waren 1981 noch bei den Bahnbetriebswerken Oldenburg und Lübeck beheimatet. Bei den Schulkindern weckt die Lübecker 220 015 nur wenig Interesse, die mit dem Ng 63416 am 3. August 1981 auf dem Weg nach Cuxhaven den kleinen Bahnhof Cadenberge (KBS 110/121, Hamburg – Stade – Cuxhaven) durcheilt. Drei Jahre später ist auch dieses Kapitel Lokomotivgeschichte beendet. Die letzten acht Lübecker V 200 verlassen auf dem Weg ins Aw Nürnberg am 5. August 1984 als Lokzug ihre langjährige norddeutsche Heimat. Die endgültige Ausmusterung für die 1957 von MaK gelieferte 220 015 erfolgte am 31. Oktober 1984. Sie blieb jedoch vor dem Schneidbrenner verschont und fand bei der SBB als Am 4/4 18463 eine neue Heimat. In Deutschland wurden folgende Maschinen erhalten: 220 001, 002, 007, 009, 018, 033, 058, 071, 221 116 und 135. Foto: Bernd Eisenschink

Rechte Seite: „Ersatzverkehr" einmal umgekehrt: Wegen extremen Hochwassers der Weser und der dadurch überfluteten Bundesstraße B 6 mußte der bereits 1968 eingestellte Reisezugverkehr auf dem Abschnitt Nienburg (Weser) – Lemke (ex KBS 219b, Nienburg (Weser) – Rahden) im Frühjahr 1987 gleich zweimal für einige Tage reaktiviert werden. Im Stundentakt wurden verhinderte Autofahrer zur Vermeidung eines kilometerintensiven Umwegs von einer Braunschweiger 614-Garnitur (614 082, 914 039, 934 423, 614 081) trocken auf das gegenüberliegende Flußufer gebracht. Am 30. März 1987 ist der Pendelzug als E 26967 im Bahnhof Lemke angekommen und wartet auf die Rückfahrt nach Nienburg. Foto: Jürgen Hörstel

DB
614 082-6
2

141 072-9

Linke Seite: Zum 150jährigen Bestehen der Deutschen Eisenbahnen im Jahr 1985 wurde die Seelzer 141 072 dazu auserkoren, bei den Nürnberger Fahrzeugparaden einen typischen Nahverkehrszug der sechziger Jahre darzustellen. Dazu wurde die damals 26 Jahre alte Lok in allen Details (z.B. Griffstangen, Lüfter) wieder in ihren Anlieferungszustand zurückversetzt und mit einem neuen Lack versehen. Nach den Feierlichkeiten folgte die Rückkehr in den Planeinsatz beim Bw Seelze. Dazu gehören auch zahlreiche Wendezugleistungen im Großraum Hannover, wie auf der eingleisigen „Deisterstrecke" Haste – Weetzen (–Hannover, KBS 297/365). Am 2. August 1986 passiert der geschobene N 4839 das Einfahrtsignal des Bahnhofs Wennigsen (Deister). Inzwischen sind auf dieser Strecke die „Silberlinge" durch modernisierte „CityBahn"-Wagen ersetzt worden. Bis zur in Hannover stattfindenden Weltausstellung EXPO 2000 wird der Streckenbereich um Wennigsen im Rahmen des S-Bahn-Ausbaus voraussichtlich zweigleisig. Ab dem Herbst 2000 werden hier dann die neuen Triebwagen der Baureihe 424 eingesetzt.

Oben: Im Jahr 1986 galt das Bw Hildesheim als Akkuhochburg. Der Einsatz der 515er erstreckte sich vor allem auf die zahlreichen Strecken im südöstlichen Niedersachsen. Zugzusammenstellungen mit vier Wagen waren jedoch schon damals außergewöhnlich. Die abgebildete Kombination mit 815 643, 515 579, 515 503, 815 796 sowie 515 512 war der Doppelführung der N 6775 und N 7611 zu verdanken, die zwischen Hildesheim und Großdüngen (KBS 240/320, Hildesheim – Goslar) gemeinsam verkehrten. Auch am 13. November 1986 erfolgte wenige Minuten nach der Aufnahme bei Egenstedt die planmäßige Zugtrennung in Großdüngen. Die ersten drei Wagen rollten als N 6775 über Derneburg nach Seesen (KBS 241, 1990 für Reisezugverkehr stillgelegt) weiter, während die beiden letzten Wagen als N 7611 Bodenburg (KBS 253/322) zum Ziel hatten.
Fotos: Jürgen Hörstel

Linke Seite: Die Landschaft des Südharzes ist in vielfältiger Form durch die reichen Kalk- und Gipsvorkommen geprägt. Das östlich von Walkenried gelegene „Himmelreich", ein Kalkrücken, wird von der KBS 357 Northeim – Nordhausen mittels eines ca. 270 m langen Tunnels durchfahren. Von einem Aussichtspunkt oberhalb der westlichen Tunneleinfahrt hat man einen herrlichen Blick auf die Landschaft des Oberharzes. Den durch Bodenauslaugung entstandenen Itelteich erreicht am 3. Mai 1995 die Nordhäuser 228 788 mit dem E 3655 Northeim – Dessau. Der zweijährige planmäßige Reisezugeinsatz der V 180 erfolgte bis zum Ende des Winterfahrplanes 1994/95. Foto: Bernd-Oliver Sydow

Oben: Zum Sommerfahrplan 1984 brach das letzte Einsatzjahr der Triebwagenbaureihe 613 an. Das Bw Braunschweig setzte noch einmal fünf Garnituren in zwei Laufplänen ein. Nur an Wochenenden enthielt der dreitägige Umlauf für Doppeleinheiten den N 5920 Seesen – Göttingen, der durch seinen ungewöhnlichen Laufweg Seesen – Kreiensen – Ottbergen – Uslar – Göttingen auffällt. Am 7. Juli 1984 war der 613 620 in diesem Dienst unterwegs und schiebt hier seinen Steuerwagen bei Lödingsen (KBS 246/356) die letzten Kilometer gen Göttingen. Foto: Michael Hafenrichter

Oben: Trotz des teilweise drastischen Verkehrsrückgangs bei der Deutschen Reichsbahn und den damit verbundenen ersten großen Ausmusterungswellen wurde für die Baureihe 228 zum Sommerfahrplan 1993 überraschend ein neues Einsatzgebiet erschlossen. Die Rbd Erfurt stellte für die zehn neu in Nordhausen stationierten Loks einen fünftägigen Umlaufplan auf, der neben einzelnen Leistungen nach Eichenberg, Bretleben oder Erfurt vor allem Eilzüge zwischen Nordhausen und Northeim bzw. Göttingen vorsah. Mit zwei Zugpaaren wurde sogar Altenbeken als westlichster Punkt planmäßig erreicht. Die gepflegte 228 714 hat in der Abenddämmerung des 18. September 1993 bereits den größten Teil ihrer Tagesleistung erbracht, so daß am Einfahrsignal von Wulften für den E 3665 aus Altenbeken nur noch eine gute Stunde Fahrt über den Südharz und die KBS 357 Northeim – Walkenried – Nordhausen verbleibt. Foto: Jürgen Hörstel

Oben: Mit der Beschaffung der einmotorigen 628.2/928.2 im Jahr 1986 beginnt nicht nur die Ablösung der Schienenbusse und lokbespannten Reisezüge im Nahverkehr. Mittlerweile im gesamten Schienennetz der DB AG heimisch, wird der 628 mit Regioliner und Regioshuttle das Gesicht der neuen Bahn bestimmen. Jedoch werden sich die modernen Triebfahrzeuge nur noch kurz mit klassischer Eisenbahntechnik fotografieren lassen, denn für diese ist kein Platz mehr im 21. Jahrhundert. Bei Bad Karlshafen (KBS 356, Northeim/Göttingen – Paderborn) ist am 18. Oktober 1993, pünktlich zum Sonnenuntergang, der E 6934 auf dem Weg nach Ottbergen. Foto: Michael Schulz

Oben: Mit der Überquerung der Weser bei Boffzen erreicht die KBS 249 Holzminden – Warburg den Nordosten von Nordrhein-Westfalen. Der 798 800 ist mit seinen Beiwagen als N 5993 gut gefordert. Für die 49 Kilometer lange Reise nach Scherfede, bei 11 Zwischenhalten, sind 63 Minuten Fahrzeit vorgesehen. Am 10. Mai 1980 eilt er bei Dahlhausen durch die Ausläufer des Weserberglandes. Auch den Fernreisenden bot sich hier eine interessante Reisemöglichkeit „abseits der Magistralen". Herausragende Zugleistung auf diesem Schienenstrang war bis zur Einstellung des Reiseverkehrs am 2. Juni 1984 das Eilzugpaar E 2942/2943 Köln – Wuppertal – Braunschweig. Foto: Georg Wagner

Rechte Seite: Im Rothaargebirge ist zwei Jahre zuvor, am 18. Juni 1978, die 212 150 mit dem E 3593 Siegen – Laasphe bei Dahlbruch (KBS 362/443, Siegen – Marburg) unterwegs. In den siebziger Jahren alltäglich, ist der Zug heute eine aufmerksame Betrachtung wert. Foto: Georg Wagner

E

Oben: Anfang der achtziger Jahre setzte die Bundesbahn nur noch wenige Altbaureisezugwagen ein. Die 216 147 ist mit einem Leerreisezug am 26. Mai 1981 im landschaftlich schönen Almetal zwischen Tudorf und Alfen unterwegs. Mit dem anstehenden Fahrplanwechsel rollt wenige Tage später der letzte Personenzug über die KBS 345 Paderborn – Büren, deren ursprünglicher Streckenverlauf bis Brilon Stadt führte. Foto: Georg Wagner

Oben: Der Ausbau der zweigleisigen Hauptbahn Hamm – Paderborn (KBS 430) auf eine Höchstgeschwindigkeit von 200 km/h erforderte eine einjährige Totalsperrung. Zwischem dem 23. Mai 1993 und dem 28. Mai 1994 wurden unter anderem sämtliche Interregiozüge via Brackwede (KBS 400) und die Sennebahn (KBS 403) Brackwede – Hövelhof – Paderborn umgeleitet. Am 17. Januar 1994 hatte die beim Bw Hagen-Eckesey stationierte 218 136 „Interregio-Dienst", hier zu sehen vor dem IR 2550 Chemnitz – Aachen südlich von Hövelhof. Foto: Josef Högemann

261 817-1

Linke Seite: Mitte der fünfziger Jahre zeichnete sich bei der DB der Bedarf nach einer Diesellok für den Rangierdienst ab. Aufgrund der guten Erfahrungen mit der V 36 entwickelte die westdeutsche Lokindustrie gemeinsam mit dem Bundesbahnzentralamt in München die 650 PS starke V 60. Von 1955 bis 1963 wurden 942 Maschinen gebaut.
Die 1960 von Henschel ausgelieferte 261 817 des Bw Dortmund beförderte am 6. Mai 1985 eine Übergabe zwischen Lembeck und Wulfen auf der KBS 284/424 Coesfeld/Borken – Oberhausen/Essen. Foto: Georg Wagner
Oben: Heute sind die Triebwagen der Baureihen 624 und 634 ausschließlich beim Betriebshof Osnabrück beheimatet. Neben den Stationierungen in Braunschweig und Nürnberg gehörten ihre Einsätze vom Bahnbetriebswerk Trier aus über die Eifelbahn zu den sicherlich interessantesten im Betriebsdienst. Zwischen 1969 und 1974 erfolgte bei 26 Fahrzeugen der Einbau einer gleisbogenabhängigen Luftfederung und gleichzeitig die Zulassung für eine Höchstgeschwindigkeit von 140 km/h. Der Einsatz im Mischbetrieb mit der Triebwagenbaureihe 624 ist möglich. Auf dem schnurgeraden Abschnitt zwischen Ahaus und Epe (KBS 289/412, Gronau – Lünen – Dortmund) sind der 634 651 und der 624 624 mit den zwei Mittelwagen am 2. Juli 1988 keineswegs überlastet. Foto: Bernd Eisenschink

Oben: Die Zechen- und Kraftwerksanlagen des Ruhrgebietes treten im südlichen Münsterland langsam zurück, der Blick wird frei für die Landschaft der „Hohen Mark“. Von der aufgehenden Morgensonne werden die Fahrgäste des N 7357 Oberhausen – Coesfeld bei Lembeck (KBS 424) begrüßt. Die hervorragenden Laufeigenschaften der Akkutriebwagen sorgen dafür, daß am 10. September 1992 so mancher Fahrgast im 515 557 seinem Reiseziel in Ruhe entgegenschlummert. Foto: Thomas Menzel
Rechte Seite: Enthusiasten erneuerten im Frühjahr 1991 in mühevoller Kleinarbeit das altrote Farbkleid des 515 636. Dieser präsentierte sich nun bei nicht so genauem Hinsehen als makelloses Schmuckstück. Als letzter roter „Steckdosen-IC“ erfreute er bis zu seiner Abstellung im September 1994 seine zahlreichen Fans. Am 29. Juli 1991 braust er als N 7388 Coesfeld – Oberhausen den südlich von Coesfeld gelegenen und heute rückgebauten Betriebsbahnhof Heubach (KBS 424). Foto: M. Hafenrichter

515 636-9

DB
216 044-8

Linke Seite Wer sich heute in Essen auf Spurensuche begibt, wird nur mit einem alten Stadtplan fündig. Nicht ein einziger Hinweis auf den ehemaligen Zechenanschluß und den Übergabebahnhof Altenessen-Rheinisch ist übriggeblieben. Heute befindet sich dort eine vierspurige Umgehungsstraße. Als am 15. Mai 1979 die 216044 den „Emil"-Ganzzug von der Zeche Carl in Essen abholt, ist diese Version noch Zukunft. Foto: Georg Wagner

Oben: Bis zum Ende am 30. Mai 1980 hielt sich das Zugpaar 6280/6281 zwischen Hattingen und Wuppertal. Am 31. Juli 1978 hat N 6280 soeben den Bahnhof Schee (KBS 336) verlassen. Foto: Georg Wagner

Während sich im Tal der Wupper ein Zug nach dem anderen über die viergleisige Hauptstrecke quält, so ist es auf der knapp 100 Meter höher gelegenen rheinischen Schiene ruhig geworden. Dawegen einiger fehlender Abschnitte die Strecke Düsseldorf – Mettmann – Gevelsberg – Hagen nicht mehr durchgehend befahrbar ist, beschränkt sich der Verkehr im Wuppertaler Stadtgebiet auf wenige Züge. Das Gespann 515 614/815 780 ist am 18. April 1985 in Heubruch als N 6259 von Wuppertal-Wichlinghausen nach Wuppertal-Vohwinkel (KBS 401) auf Reisen. Die Akkutriebwagen des Bw Mönchengladbach verlieren am 29. Mai 1992 mit der Einstellung des Reiseverkehrs auf diesem Abschnitt ein weiteres Einsatzgebiet. Foto: Michael Hafenrichter

Rechte Seite: Großbaustellen in Grevenbroich, Münster und Diepholz sorgten im August 1995 für regen Schotterverkehr im Volmetal. Neben der planmäßigen Übergabe verkehrten an einzelnen Tagen bis zu drei Ganzzüge von Brügge zu den oben genannten Orten. Bei einem Zuggewicht von bis zu 2200 Tonnen waren diese Züge mit einer der 15 Osterfelder 232er bespannt. Die 232 288 verläßt mit dem Gag 74594 Brügge – Grevenbroich am 9. August 1995 den rückgebauten Brügger Bahnhof (KBS 434, Dortmund – Lüdenscheid). Ab dem Hagener Güterbahnhof übernahm die elektrische Traktion in Gestalt einer 150er die Weiterbeförderung des Zuges. Foto: Michael Hafenrichter

DB
232 288-1
23
6

212 316-4

Links: Auf der KBS 410/458 Wuppertal – Solingen führt zwischen Solingen Hbf und Solingen-Ohligs ein kleiner Tunnel unter einer Straße und zwei Häuserreihen hindurch. Am Morgen des 10. Oktobers 1987 hat die Wuppertaler 212316 mit ihrem Nahverkehrszug das östliche Tunnelportal soeben verlassen. Foto: Michael Hubrich

Der Notizzettel mit den Daten der Aufnahme oben ist leider in der Agger verlorengegangen: Im Sommer 1989 passiert eine City-Bahn das markante Wehr in Engelskirchen. Um die Attraktivität des Nahverkehrs und die Fahrgastzahlen zu steigern, führte die Bundesbahn 1984 das City-Bahn-Konzept ein. Mit einem ansprechendem Farbdesign und der Möglichkeit, auf dem Weg zur Arbeit einen Schluck Kaffee zu genießen, betrat man erfolgreich einen neuen Weg. Dieses Angebot erfreut sich auch nach mehr als 10 Jahren großer Beliebtheit, doch die letzte City-Bahn 218 hat 1996 eine Lackierung in Neurot erhalten. Foto: Michael de Clerque

Linke Seite: Lange Jahre waren die VT 98 im Bahnbetriebswerk Gerolstein heimisch. Von einem dem Bw gegenüber liegenden Hang bot sich am 8. September 1989 eine verlockende Aussicht in das Tal der Kyll. Während die abgestellte Schienenbusgarnitur und die 215 auf den nächsten Einsatz nach Mayen-Ost beziehungsweise Trier warten, eilt der von einer noch zahlreichen altroten Kölner bzw. Trierer 215er gezogene E 3606 Köln – Trier dem Gerolsteiner Bahnhof entgegen. Parallel zur Eifelbahn wurde 1912 die zweigleisige Hauptbahn Gerolstein/Jünkerath – Lissendorf – Hillesheim eröffnet, wobei die heutige KBS 430/474 kreuzungsfrei überquert wurde. Von Hillesheim gelangte man über Adorf, Insul, das Dümpelfelder Gleisdreieck, die Ahr und die Brücke von Remagen auf die rechte Rheinseite. Mit der Eifelquerbahn über Mayen nach Koblenz bzw. Andernach lagen in der nördlichen Gerolsteiner Bahnhofsausfahrt fünf Gleise. Militärstrategische Aspekte beeinflußten die weiträumige Erschließung der Eifel durch die Eisenbahn wesentlich. Foto: Norbert Bank

Oben: Mit dem N 6527 Gerolstein – Trier (KBS 430/474) wurde planmäßig eine 215 nach Trier überführt. Im Tal der Kyll ist am 20. Mai 1989 in St. Thomas die 215 133 mit einem dreiteiligen 798 auf dem Weg an die Mosel. Wie viele andere ehemalige Hauptbahnen hat die Eifelbahn ihre Bedeutung als überregionaler Verkehrsträger verloren. Mit Neigetechnik soll zum Ende des 20. Jahrhunderts der Eisenbahnverkehr hier wieder belebt werden, wo heute lediglich RegionalBahn und RegionalExpress das tägliche Bild bestimmen. Foto: Georg Dollwet

Oben: In den Morgenstunden des 5. Mai 1989 erreichte ich im letzten Moment den bekannten Fotostandpunkt bei Rokkeskyll. Die Anreise per Pkw aus Köln gestaltete sich alles andere als geruhsam, da der Wecker wegen einer leeren Batterie seinen Dienst quittiert hatte. Verschlafen, ohne Frühstück und Morgenwäsche, hieß es in zügiger Fahrt die verlorene Zeit wieder herauszuholen. Die Mühen waren nicht umsonst: Stimmungsvoll liegt Morgennebel über der Hohen Eifel, als der N 7052 Mayen Ost – Gerolstein die letzten Meter seiner Reise bewältigt. Von 1982 bis 1991 hieß es Abschied nehmen von folgenden Strecken: Daun – Wittlich (KBS 623), Koblenz – Mayen Ost (KBS 603), Wittlich – Wengerohr – Bernkastel-Kues (KBS 622) und Gerolstein – Mayen Ost (KBS 602). Neben Übergaben verkehren nur noch auf der KBS 478 zwischen Andernach und Mayen West Reisezüge. Foto: Norbert Bank

Rechte Seite: Im Sommer 1996 hielt das 21. Eisenbahnjahrhundert im „Altelfland" Einzug. Die Dessauer Doppelstocktriebwagen lösten die bislang eingesetzten 628er zwischen Bullay und Traben-Trarbach (KBS 691) ab. Technische Schwierigkeiten an den neuen Triebfahrzeugen erforderten ein erneutes Gastspiel der 628er. Am 14. Oktober 1996 ist der 670 002 als RB 8451 bei Kövenig wieder im Einsatz. Foto: Georg Wagner

DB
Bullay
670 002-5

Oben: Bis zum Ende des Jahres 1991 bildeten die Strecken Saarbrücken – Zweibrücken (KBS 674), Homburg/Saar – Reinheim (ex KBS 686) und Zweibrücken – Homburg/Saar (ex KBS 685) ein Gleisdreieck bei Einöd/Saar. Nachdem das ohnehin spärliche Zugangebot zwischen den beiden nur 10 Kilometer auseinanderliegenden Kreisstädten Homburg und Zweibrücken gegen Ende der achtziger Jahre auf einen einzigen Nahverkehrszug reduziert worden war, erfolgte zum 27. Mai 1989 die Angebotsumstellung auf dieser im Jahr 1857 eröffneten Verbindung. Eine sanierungsbedürftige Brücke besiegelte gut zwei Jahre später das Schicksal der Strecke, die bis dahin von einem Nahgüterzugpaar befahren wurde. Nach dem Abbau des Gleises zwischen den Bahnhöfen Einöd und Schwarzenacker konnte dieses erst nach einem aufwendigen Umsetzmanöver in Bierbach und unter Benutzung der teilweise parallel verlaufenden KBS 686 Homburg erreichen. Die am 20. Mai 1984 entstandene Aufnahme zeigt den nur sonntags verkehrenden N 4484 mit einer sechsteiligen VT, VS und VB 798/998-Garnitur des Bw Karlsruhe auf der Fahrt von Landau/Pfalz nach Homburg/Saar beim Befahren des um die Jahreswende 1991/1992 abgebauten Streckenstücks. Am rechten Bildrand ist die heutige KBS 674 zu erkennen. Foto: Martin Werth

Oben: Kurz vor einer Renaissance steht hingegen ein bedeutendes Teilstück der im Jahr 1911 eröffneten Köllertalbahn, die als ehemalige KBS 635 die Hüttenstadt Völklingen mit dem im Herzen des Saarlandes gelegenen ehemaligen Bahnknotenpunkt Lebach verband. Während der Abschnitt Völklingen – Etzenhofen kurz nach Einstellung des Reisezugverkehrs am 25. September 1985 endgültig stillgelegt wurde, soll das Reststück bis Lebach im Zuge des weiteren Ausbaus der Saarbahn reaktiviert werden. Am 14. Februar 1984 ist die 212 066 des Bw Saarbrücken (heute in Darmstadt beheimatet) mit dem N 4165 Lebach – Völklingen ein alltägliches Bild beim Überqueren des Eiweiler Viaduktes. Dieses mit 150 m Länge bei sechs Brükkenbögen größte Kunstbauwerk dieser Strecke sprengten zurückweichende deutsche Truppen im März 1945. Vielen Eisenbahnfreunden dürfte die Strecke auch als langjähriges Einsatzgebiet der Baureihen 23 und VT 95 des Bw Saarbrücken in Erinnerung bleiben, die im Mai 1975 bzw. 1980 hier ihre letzten Einsätze absolvierten. Foto: Martin Werth

Oben: Wie viele Regionen blieb auch der Hunsrück vom Rückzug aus der Fläche nicht verschont. Als am 22. Juli 1980 der N 8231 mit der 211219 Pluwig (KBS 625) erreicht, ist die Hunsrückbahn (KBS 607) zwischen Hermeskeil und Simmern bereits aus dem Kursbuch verschwunden. Von der weiteren Einstellung des Personennahverkehrs sind betroffen: 1981 der Abschnitt Pluwig – Hermeskeil (KBS 625), 1983 die KBS 606 Emmelshausen – Simmern, 1984 die KBS 607 Langenlonsheim – Simmern sowie der Abschnitt Waldrach – Pluwig und 1985 das verbliebene Teilstück Trier – Waldrach. Foto: Georg Wagner

Oben: In Meisenheim (Glan) kreuzen am 8. März 1984 der N 8776 Sobernheim (KBS 641/680) – Altenglan – Kusel (KBS 651) und der N 4416 Kaiserslautern – Lauterecken-Grumbach (KBS 652/673) – Staudernheim (KBS 651). Diese Zugläufe sind bereits Vergangenheit, von dem Streckennetz an Glan und Lauter sind im Reiseverkehr die beiden Stichbahnen von Landstuhl nach Kusel (KBS 671) und Kaiserslautern – Lauterecken-Grumbach (KBS 673) verblieben. Ohne ein entsprechendes ziviles Verkehrsbedürfnis und als strategische Nachschublinie gegen den „Erzfeind" Frankreich geplant, erfolgte der Bau dieser Eisenbahnen in den letzten zwei Jahrzehnten des 19. Jahrhunderts durch die Pfälzische Nordbahn AG. Selbst das ansonsten vorbildliche rheinland-pfälzische Bahnkonzept läßt eine Wiederinbetriebnahme nach dem Rückbau auf eingleisigen Betrieb und der erfolgten Stillegung nicht erwarten. Foto: Andreas Tscharn

Oben: Eine langjährige Domäne der von den Bahnbetriebswerken Mainz und Worms eingesetzten 515er war das rheinhessische Hügelland. Dazu gehörte auch der Einsatz auf der KBS 655/661 Mainz – Alzey, die am 18. Dezember 1996, von der Hessischen Ludwigs-Eisenbahn gebaut, ihr 125jähriges Jubiläum feiern konnte. Heute fest in der Hand der allgegenwärtigen 628er, erreichte der ehemalige Mönchengladbacher 515 655 am 3. Oktober 1987 planmäßig als N 8231 den Bahnhof Saulheim. Nur 18 Monate dauerte das Gastspiel dieses Triebwagens in Mainz. Zum 15. Dezember 1988 wurde seine Ausmusterung verfügt. Foto: Jürgen Teubner

Oben: Wer den Aufstieg zum Hubertusviadukt auf sich nimmt, wird mit einer schönen Aussicht belohnt. Im bereits herbstlich gezeichneten Wald ist am 17. Oktober 1989 die 213 337 mit ihrem Güterzug auf dem Weg an den Rhein (KBS 606/479, Boppard – Emmelshausen). 1964 und 1965 wurden 10 Lokomotiven der Baureihe V 100 mit hydrodynamischer Bremse für den Steilstreckendienst ausgerüstet (V 100 2332–2341). Bevor die Loks der Baureihe 213 im Thüringer Wald zum Einsatz kamen, waren sie u. a. im Murgtal, im Westerwald zwischen Koblenz und Siershahn, Linz und Kalenborn sowie zwischen Dillenburg und Biedenkopf zu Hause. Foto: Andreas Tscharn

MARX
BAUKERAMIK
DB
216 199-0

Linke Seite: Eigentlich hätte die Lahntalbahn (KBS 540/625) es verdient, als Museumsstrecke im Originalzustand erhalten zu werden. Bis Anfang der neunziger Jahre präsentierte sie sich zwischen Limburg und Koblenz mit weitgehend intakter Infrastruktur. Auch wenn einige Abschnitte nach dem Ende des Zweiten Weltkrieges nur eingleisig instand gesetzt wurden, waren die Einrichtungen bis hin zu Stellwerken, Flügelsignalen und Telegrafenleitungen fast vollständig erhalten geblieben. Mit dem geplanten Zubringerdienst für die Neubaustrecke Köln – Frankfurt wird die Neigetechnik eingeführt. So ist es wenig verwunderlich, daß die alte Herrlichkeit der modernen Technik weichen muß. Am 23. April 1987 rauscht die 216 199 mit dem E 3762 Gießen – Koblenz durch den Bahnhof Friedrichssegen, der sein Erscheinungsbild gewandelt hat. Heute präsentiert er sich nur noch zweigleisig und wird mit Ausnahmegenehmigung des Eisenbahnbundesamtes als Bahnhof ohne Weiche betrieben. Seine Umwandlung zur Blockstelle ist vorgesehen. Foto: Gerhard Bank

Oben: Im Reiseverkehr ist der ehemalige Eisenbahnknotenpunkt Altenkirchen (KBS 424/461) heute zugleich Durchgangs- und Kopfbahnhof. Als letzter durchgehender Schienenstrang ist die obere Westerwaldquerbahn (KBS 424/461) verblieben. 1884 erreichten zunächst die Gleise der Rheinischen Eisenbahn (Engers – Siershahn – Altenkirchen) den an der Kroppacher Schweiz gelegenen Ort. Wieder südwärts wurde der Bahnbau via Hachenburg (1885) nach Hadamar (1886) fortgesetzt. Der letzte Akt im 19. Jahrhundert war 1887 der Anschluß an die ehemalige Köln-Mindener Eisenbahn-Gesellschaft (KBS 460, Köln – Siegen) in Au. Als Schmalspurbahn wurde die Kleinbahn von Selters nach Hachenburg errichtet (1901–1960). Ab 1912 bestand die Möglichkeit, über Flammersfeld nach Linz am Rhein zu reisen. Leer sind im Altenkirchener Bahnhof die Gleise, als am 6. November 1988 der N 6676 zur Abfahrt nach Au bereitsteht. Foto: Norbert Bank

Links: Die VT 98.9 wurden in folgenden Stückzahlen ab 1953 beschafft: 359 zweimotorige Trieb-, 313 Steuer- und 320 Beiwagen. Darüber hinaus erfolgte von 1959 bis 1965 der Bau von acht Zahnradtriebwagen VT 97.9 für die Ablösung der Baureihe 97 auf den Strecken Honau – Lichtenstein und Passau – Wegscheid. 1988 und 1989 wurden 47 Trieb-, 23 Bei-, und 43 Steuerwagen auf Einmannbetrieb umgebaut (BR 796). Für die „Chiemgau-Bahn“ modernisierte man 1987 zwei Trieb- und einen Steuerwagen. Sie trugen als einzige Exemplare ihrer Baureihe die neue Nahverkehrsfarbe Türkis/Kieselgrau. Mitte der neunziger Jahre ging die Epoche der als „Retter der Nebenbahnen“ gefeierten Fahrzeuge auf Staatsbahngleisen zu Ende. Mancher Schienenbus fand jedoch bei Museums- und Privatbahnen ein neues Zuhause. Hiervon weit entfernt, ist im herbstlichen Daadetal (KBS 422/463, Betzdorf – Daaden) am 18. Oktober 1989 der N 6757 bei Schutzbach unterwegs. Foto: Michael Schulz

Rechte Seite: Der Jahreswechsel 1989/1990 ist mit seinen schweren Stürmen vielen Menschen sicherlich in Erinnerung geblieben. Mit Durchschnittsgeschwindigkeiten von ca. 135 km/h setzten besonders die Sturmtiefs mit den klangvollen Namen Vivian und Wiebke den Wäldern im Nordwesten Deutschlands zu. Ob in Eifel oder Westerwald, wie mit der Sense geschnitten, fiel so manche Fichten- und Kiefernmonokultur den Damen zum Opfer. Das eine oder andere Fotoobjekt war mit der Zeit einfach zugewachsen, so auch der 1911 aus Stampfbeton errichtete Nistertalviadukt. Mit einer derart frei geholzten Fotostelle und viel Glück konnte Michael Hafenrichter die selten verkehrende Bedarfsübergabe Bad Marienberg – Erbach/Ww auf der fotogenen Brücke ablichten. Zuglok der Üg 67544 ist am 14. März 1991 die 216 186.

Links oben: Planmäßig verkehrte der N 6737 Altenkirchen – Limburg (KBS 424/461) in dieser äußert reizvollen Bespannung, der am 3. November 1988 von 216 199 gezogen wird. Am Zugschluß laufen das Schienenbuspaar 798 629 und 998 636 mit. Im Bundesland Hessen ist der Zug zwischen Frickhofen und Niederzeuzheim auf dem Weg an die Lahn. Foto: Gerhard Bank

Links unten: Die zahlreichen Fahrgäste des N 6842 Montabaur – Neuwied lassen am 19. Mai 1989 die drohende Einstellung des Reiseverkehrs auf dem Abschnitt Engers – Grenzau – Siershahn (KBS 423) zum nachfolgenden Sommerfahrplan erahnen. Zum Zeitpunkt der Aufnahme wird auch die ehemalige Kursbuchstrecke 251n von Grenzau nach Hillscheid bis Höhr-Grenzhausen im Güterverkehr bedient. Im letzten Abendlicht, aus Kannenbäckerland und Brexbachtal kommend, rollt die dreiteilige Schienenbusgarnitur in Bendorf-Sayn am ehemaligen Stammsitz der Grafen Sayn vorbei. Die Erbauung des Burgschlosses geht auf das 12. Jahrhundert zurück. Der südliche Westerwald erhielt durch die Tonvorkommen und den daraus resultierenden weithin bekannten Keramikmanufakturen seinen eigenwilligen Namen. Foto: Gerhard Bank

Oben: Die Geschichte der Eisenbahnen im Westerwald ist noch nicht zu Ende. Im Südosten sind folgende Streckeneröffnungen zu verzeichnen: 1906 Herborn – Driedorf – Rennerod, 1907 Rennerod – Fehl-Ritzhausen – Westerburg und Fehl-Ritzhausen – Bad Marienberg – Erbach, 1910 Westerburg – Montabaur. Der Vollständigkeit halber seien die Privatbahn Scheuerfeld – Bindweide und die Daadetalbahn Betzdorf – Daaden genannt. Von der einstigen Fülle ist nur wenig geblieben. Auf dem Weg nach Limburg hat am 12. Juli 1986 der N 6723 das südliche Einfahrtsignal des Bahnhofs Niederzeuzheim (KBS 424/461) und die Feldsteinbrücke hinter sich gelassen. Foto: Norbert Bank

Oben: Das Bw Limburg war die langjährige Heimat der Akkutriebwagen der Baureihe 517. Auch als „Limburger Zigarren" bekannt, wurden sie von hier aus auf den Strecken im Westerwald, im Taunus und im Lahntal eingesetzt. Von 1960 bis zu ihrer Ausmusterung in den Jahren 1982 und 1983 waren alle acht 517 in der Domstadt beheimatet. Am 17. August 1983 bot sich die Gelegenheit, die markanten Fahrzeuge abzulichten. Die 517 003, 002, 006 und 005, sowie vier Steuerwagen 815 haben sich vor dem Lokschuppen für die Fotografen ein letztes Mal versammelt. Lediglich der 517 001 ist der Nachwelt erhalten geblieben. Foto: Bernd Eisenschink

Oben: Das im rechtsrheinischen Schiefergebirge gelegene Bad Schwalbach ist für seine Moor- und Stahlbäder bekannt. Südlich vom Kurort, in den Wäldern des Taunus, sind auf der Aartalbahn Limburg – Wiesbaden (KBS 548) am 1. November 1982 die 517002 und 008 auf dem Weg nach Wiesbaden. Die Bundesbahn beschaffte von 1952 bis 1954 die als ETA 176 ausgelieferten Triebwagen. Die Beschaffung der Steuerwagen erfolgte in drei Baulosen 1954, 1955 und 1958. Heute ist der planmäßige Schienenverkehr im Tal der Aar Geschichte, jedoch betreibt die Nassauische Touristikbahn e.V. den Abschnitt Wiesbaden-Dotzheim – Hohenstein als Museumsbahn. Foto: Christoph Weinkopf

Mit einem eindrucksvollen Ensemble wartete am 31. Juli 1988 der Bahnhof Kailbach (KBS 555/641, Darmstadt/ Hanau – Wiebelsbach-Heubach – Eberbach) auf, als die 216 193 mit dem E 3855 Frankfurt – Stuttgart zum Neckar hinabeilt. Vom Flügelsignal bis hin zum Lademaß sind die Einrichtungen vollständig vorhanden. Zum Zeitpunkt der Aufnahme nicht im Kursbuch verzeichnet, halten hier heute wieder Züge im Odenwald. Foto: Gerhard Bank

Oben: Die von der Hessischen Staatseisenbahn bis 1890 erbaute Strecke Hungen – Laubach liegt am Rande des Vogelsbergs. Die Gießener 216221 ist mit dem G 67695 am 1. August 1995 auf der Fahrt nach Hungen. Ab 1964 wurden von dieser 1900 PS starken Lokomotive 214 Exemplare geliefert. Die Vorserienmaschinen unterschieden sich durch ihr rundlich geformtes Führerhaus, das ihnen den Spitznamen „Lollo" einbrachte. Foto: Georg Wagner

Linke Seite Im Dunstkreis von „Mainhattan“ gibt es sogar noch etwas wie Idylle. Die Darmstädter 212 166 zieht den N 6665 an abgeernteten Getreidefeldern vorbei nach Zellhausen (KBS 555/641, Hanau – Wiebelsbach-Heubach). Bernd Eisenschink fotografierte am 3. September 1985 bei Seligenstadt am Main diese typische Bundesbahngarnitur.

Oben: Die zwischen Vogelsberg und Taunus gelegene Wetterau ist arm an Höhenzügen. Auf der Niddertalbahn Stockheim – Bad Vilbel (KBS 515/634) ist der Büdesheimer Tunnel (168 m) der einzige seiner Art. Am 17. Februar 1989 hat ihn der N 8129 mit Fahrtziel Bad Vilbel verlassen. Foto: Ulrich Wehmeyer

DB
216 133-9
F

Linke Seite: Bereits in Friedrichssegen ist uns der montags bis freitags verkehrende E 3762 Gießen – Koblenz begegnet. Als er am 30. Juni 1987 an der aus dem 13. Jahrhundert stammenden Trutzfeste Schadeck in Runkel vorbeifährt, gehört er sicherlich zu den interessantesten Zugleistungen an der Lahn. Bereits 1987 in dieser Zusammenstellung selten, war der Zug aus vier Umbauwagen der Gattungen Byg 515, AByg 503 und BDyg 531 gebildet. Auf seiner 117 Kilometer langen Reise ließ er sich zu bester Tageszeit an vielen Fotostellen ablichten. Foto: Gerhard Bank

Oben: Ende der fünfziger Jahre begann allmählich der Niedergang der Westerwaldquerbahn Herborn – Westerburg – Montabaur: Im Mai 1959 entfiel der durchgängige Personenverkehr, der Bau der Krombachtalsperre unterbrach zum 1. Januar 1967 den Abschnitt Rennerod – Driedorf endgültig. Der letzte planmäßige Reisezug auf der KBS 251f/425 verkehrte am 31. Mai 1981 zwischen Westerburg und Montabaur. Güterverkehr weist heute lediglich der Abschnitt von Montabaur nach Wallmerod auf. Auf dem östlichen Streckenast wurde dieser zwischen Driedorf und Schönbach am 1. Mai 1984 bzw. von Schönbach nach Herborn am 27. September 1985 aufgegeben. Ob am 19. Mai 1982 in Erdbach alles im Lot ist, als die 211 258 mit ihrer Übergabe umgesetzt hat? Um hier den Anstieg zum „Hohen Westerwald" zu bewältigen, wurde beim Bau der Eisenbahn eine Spitzkehre angelegt. Foto: Hans-Joachim Jakubowski

Oben: Heute ist der Opel Rekord C ein erfreulicher Blickfang im eher langweiligen Autoalltag. Bis Anfang der siebziger Jahre wurde eines der erfolgreichsten Opel-Autos als Coupé, Limousine und Kombi gebaut. Der aus 998 919 und 798 632 gebildete N 7338 Ewersbach – Dillenburg (KBS 366) hat am 26. Juli 1983 in Eibelshausen seine Fahrgäste abgesetzt. Vier Jahre später verkehrte am 29. Mai 1987 der letzte Reisezug im Dietzhölztal. Foto: Andreas Tscharn

Rechts oben: Im Rothaargebirge entspringt die Eder. In ihrem Tal verlief zwischen Berleburg und Frankenberg die Kursbuchstrecke 364. Am 8. August 1984 rollt auf dem zu diesem Zeitpunkt noch im Güterverkehr betriebenen Abschnitt Hatzfeld – Frankenberg die Gießener 211 170 bei Battenberg flußabwärts. Foto: Gerhard Bank

Rechts unten: Bei eisiger Kälte hielt am 23. Februar 1987 in Gönnern (KBS 366) Andreas Tscharn die 798 753 und 998 642 im Bild fest, die als N 7315 von Biedenkopf gekommen sind. An die „Scheldebahn" erinnert hier heute noch die als Denkmal aufgestellte 94 1538. Am 30. Mai 1987 fuhren ein letztes Mal die Reisezüge N 7304 Dillenburg – Biedenkopf und N 7307 Gönnern – Dillenburg über den Steilstreckenabschnitt Hirzenhain – Herrnberg.

Seite 78: Das Ende des 19. Jahrhunderts war eine Blütezeit der Eisenbahn. Über 150 Regel- und Schmalspurstrecken wurden 1896 und 1897 fertiggestellt und in Betrieb genommen. Dazu gehört auch die KBS 612 Kassel – Wolfhagen – Volkmarsen. 20 Kilometer östlich vor Kassel liegt der kleine Ort Zierenberg. Am Nachmittag des 24. Mai 1995 hat die 216 140 mit der RE 8821 diesen gerade verlassen und fährt ihrem nächsten Halt in Oberelsungen entgegen. Foto: Michael Hubrich

Seite 79: Vom ehemaligen Bahnknoten Korbach bestand bis in die achtziger Jahre die Möglichkeit, in alle vier Himmelsrichtungen nach Kassel, Bad Wildungen, Marburg und Brilon Wald zu reisen. Bis zum 30. Mai 1987 rollten Reisezüge im Edertal zwischen Korbach und Frankenberg. In der Frühlingslandschaft ist zwischen Herzhausen und Korbach (KBS 530) am 9. Mai 1987 eine Schienenbus-Einheit unterwegs. Zehn Jahre später erreicht man Korbach nur noch aus Richtung Bestwig über die Schiene. Foto: Michael Hubrich

Oben: Als am 5. Januar 1993 die 346 500 in Wernigerode rangiert, verrät nur ihre neue Triebfahrzeugnummer, daß die Aufnahme im letzten Jahrzehnt dieses Jahrhunderts entstanden ist. Im Hintergrund dampfen munter die Lokomotiven der Harzquer- und Brockenbahn, deren Zukunft alles andere als rosig ist.

Wer selbst einmal die Gelegenheit gehabt hat, auf dem Führerstand einer Dampflokomotive, eines Eisenschweins, einer Reichsbahn-V 180 mitzureisen oder einfach nur in einem Schienenbus über Eisenbahngleise zu rumpeln, dem fällt es schwer, sich an der neuen Eisenbahn zu erfreuen. Foto: Michael de Clerque

Oben: Die Braunschweigische Staatsbahn eröffnete am 10. Juli 1843 den Betrieb auf dem Abschnitt (Braunschweig -) Wolfenbüttel – Jerxheim – Gunsleben – Oschersleben. Ab 1848 fuhren hier die ersten durchgehenden Schnellzüge von Köln nach Berlin. 1870 erfolgte die Privatisierung durch die Braunschweigische Eisenbahn-Gesellschaft. Mit dem Jahreswechsel 1884/85 erfolgte per Staatsvertrag der Verkauf an Preußen. Nach Ende des Zweiten Weltkrieges wurde 1946 der Verkehr zwischen Jerxheim und Gunsleben eingestellt. Von der DR als KBS 714 (der älteste von einer Grenze in Deutschland geteilte Schienenstrang) auf dem Abschnitt Gunsleben und Oschersleben weiterbetrieben, endete der Personenverkehr am 30. Mai 1992. Die Einstellung des Gesamtverkehrs wurde zum 1. Januar 1996 vollzogen. P 18487 steht mit der 346569, der langjährigen Stammlok der Einsatzstelle Oschersleben (Rbd Halle, Bw Halberstadt), am 25. Mai 1992 zur Fahrt nach Oschersleben bereit. Foto: Johannes Rensing

171 004-5
DR

Linke Seite: In der Altmark eröffnete die Salzwedeler Kleinbahn-Gesellschaft in zwei Abschnitten 1900 und 1901 die Eisenbahnstrecke Salzwedel – Diesdorf (KBS 766/302). Gut 25 Jahre nach dem Bau als Schmalspurbahn mit 1000 mm Spurweite, erfolgte bei teilweiser Neutrassierung der Umbau auf Regelspur. Fortan firmierte die Bahn als Salzwedeler Kleinbahnen GmbH, die auch den Verkehr zwischen Salzwedel und Badel abwickelte. Mit der Verstaatlichung 1949 ging die Betriebsführung der Privatbahn auf die Reichsbahn über. Der mehr als schlechte Gleiszustand führte im Sommer 1993 auf dem Abschnitt Dähre – Diesdorf zur Stillegung. Somit verlor der Knotenpunkt Diesdorf, von dem einst Gleise nach Wittlingen und Beetzendorf führten, seinen letzten Gleisanschluß. Drei Jahre später war ein weiteres Kapitel der Kleinbahn geschrieben, die Einstellung des Reiseverkehrs auf dem Abschnitt Salzwedel – Dähre. Am 26. Juni 1990 beförderten die 171 004 und 171 804 als P 17342 eine ansehnliche Zahl überwiegend jugendlicher Fahrgäste nach Diesdorf. Die von der Reichsbahn ab 1962 beschafften Fahrzeuge der BR 171.0 erhielten die auffällige „Panoramascheibe“ mit den gebogenen Seitenfenstern, bei den 172.0 und 172.1 wurde die Aufteilung der Front geändert. Foto: Ulrich Wehmeyer

Rechts: Die Strecke Oebisfelde – Magdeburg (KBS 763–702/308) kreuzt in der Nähe von Haldensleben zweimal den Mittellandkanal mit markanten Brücken. Bis zur Wende 1989 verkehrten hier neben den Regionalzügen auch D-Züge im grenzüberschreitenden Verkehr. Diese waren bis 1980 u.a. mit den Oebisfelder 03er und 41er bespannt. Auf dem Weg nach Magdeburg passiert der N 9353 die imposante Kanalbrücke zwischen Vahldorf und Groß Ammensleben. Zuglok ist am 5. Mai 1992 die 202 819. Foto: Jürgen Hörstel

Oben: Erinnert sei mit dieser Aufnahme an den Dampfbetrieb im Harzvorland, der am 29. Oktober 1988 mit einer Abschiedsfahrt der 50 3559 von Magdeburg nach Thale zu Ende ging. Diese Fahrt bedeutete zugleich das Ende des planmäßigen Normalspurdampfes bei der DR. Bis zu diesem Zeitpunkt setzten die Bahnbetriebswerke Halberstadt und Oschersleben die Reihe 50.35 im Personen- und Güterverkehr unter anderem auch auf der Strecke von Quedlinburg nach Gernrode (KBS 673/332) ein. Auf dem Weg nach Gernrode qualmt am 8. September 1987 die Halberstädter 50 3553 mit ihrem Nahgüterzug 66781 durch den Bahnhof Bad Suderode. Foto: B.-O. Sydow

Oben: Auf einer eigenwilligen Brückenkombination überqueren Straße und Schiene in Biesenrode die Wipper. Der Fluß prägte den Namen der Eisenbahn, die im Volksmund auch „Wipperlieschen“ genannt wird. Im letzten Abendlicht hat am 5. Juni 1991 der P 16248 auf dem Weg von Klostermansfeld nach Wippra (KBS 655/337) den Bahnhof des kleinen Ortes fast erreicht. Foto: Gerhard Bank

Links oben: Die Zeit ist in Deuben (KBS 551, Zeitz – Teuchern – Weißenfels/Naumburg und KBS 554 Großkorbetha – Deuben) leider nicht stehengeblieben. Bereits eineinhalb Jahre nach der am 25. Mai 1993 entstandenen Aufnahme, präsentierte sich die alte Brikettfabrik dem Betrachter nur noch in Form eines gigantischen und nicht übersehbaren Haufens von Ziegelsteinen. Eine willkommene Abwechslung für das Personal der 232 117 ist anscheinend der Fotograf, als der wartende Kohlenpendel von der 231 073 überholt wird. Foto: Günter Dittrich

Links unten: In den Morgenstunden des 25. März 1993 gab es infolge von Brükkenbauarbeiten bei Zangenberg (KBS 551, Weißenfels – Zeitz) ein großes Durcheinander. Eigentlich sollte die als Lz von Halle kommende 232 198 einen Kohlenpendel in Zeitz abholen. Infolge der Verspätung hatte der Zeitzer Lokleiter diesen bereits mit der 220 345 auf die Reise geschickt. Um dem am HP 0 zeigenden Ausfahrsignal Zangenberg wartenden Zug in Deuben die Durchfahrt zu ermöglichen, dirigierte man zunächst die 232 198 auf das letzte freie Gleis am Bahnhofsgebäude. Wenig später rauschte am Hallenser Lokführer seine Fuhre vorbei. Sein Ärger über die Nutzlosigkeit der Anreise hielt sich in Grenzen, war doch auf seiner „Ludmilla" ein Lüfterschaden aufgetreten, so daß diese nur mit den ersten sieben Fahrstufen fahrbereit war. Als der N 6459 von Weißenfels nach Zeitz mit halbstündiger Verspätung Deuben erreicht, kann die Hallenser 232 die Rückreise über Weißenfels antreten. Foto: Gerhard Bank

Rechte Seite: An der Unstrut sind die lokbespannten Reisezüge von den Triebwagen der Karsdorfer Eisenbahn-Gesellschaft abgelöst worden. Die KEG erwarb die von der AKN Eisenbahn AG (Altona – Kaltenkirchen – Neumünster) bis 1993 eingesetzten MAN-Triebwagen, überholte und modernisierte diese vor ihrem Einsatz in Sachsen-Anhalt. Der dem Vandalismus preisgegebene Freyburger Bahnhof (KBS 585, Artern – Naumburg) präsentiert sich am 26. Mai 1993 in seiner alten Pracht, als der mit 232 415 bespannte N 14618 den für seinen Wein bzw. Sekt bekannten Ort westwärts verläßt. Foto: Gerhard Bank

Freyburg (Unstrut)
232 415-0

Links: Das Zugpaar 6629/6626 Nordhausen – Sondershausen war während der Fahrplanperiode 1994/95 die einzige Nahverkehrsleistung der Baureihe 228 vom Betriebshof Nordhausen. Erst nach Protesten aus der Bevölkerung wurde der Zuglauf ab dem 29. August 1994 bis Sondershausen-Jecha (KBS 593) verlängert. Am 24. Mai 1995 ist 228 788 wieder auf der Heimfahrt und passiert das vermutlich kleinste Dienstgebäude der ehemaligen Deutschen Reichsbahn in Sondershausen-Süd. Foto: Wolfgang Herdam

Rechte Seite: Seit dem Jahresfahrplan heißen auch auf der Kyffhäuserbahn (KBS 593, Bretleben – Sondershausen) die Züge des Nahverkehrs RegionalBahn. Gleichzeitig wurden aufgrund der geringeren Anzahl von Beförderungsfällen die lokbespannten Personenzüge durch Triebwagen ersetzt. Der 772 149 (Bh Nordhausen), hier als RB 14580 im Umlauftag 2 eingesetzt, hat den Halt in Esperstedt/Kyffh. beendet und soeben die Landstraße nach Udersleben unterquert. Foto: Wolfgang Herdam

772 149-1

Oben: In Arenshausen (KBS 660/600) herrscht im Januar 1990 Ruhe, als die 112260 mit dem P 18565 nach Geismar abfahrbereit am Bahnsteig steht. Als Folge des politischen Umbruchs in der DDR und der sich abzeichnenden deutschen Wiedervereinigung beschließt man den Lückenschluß auf der durch die deutsche Zweistaatlichkeit geteilten Magistrale. Mit dem Fahrplanwechsel zum 27. Mai 1990 ist die von der Magdeburg-Köthen-Halle-Leipziger Eisenbahn-Gesellschaft zwischen 1865 und 1872 eröffnete Eisenbahnverbindung wieder durchgängig befahrbar. Weitere vier Jahre später ist die Strecke zweigleisig ausgebaut und elektrifiziert. Foto: Norbert Bank

Oben: Im Zuge der Wiedervereinigung hat sich das Einsatzgebiet der BR 614 von Oberfranken in das Bundesland Thüringen ausgeweitet. Nürnberger 614 gelangten nunmehr mit Eilzügen über Schweinfurt und Meiningen über den Hauptkamm des Thüringer Waldes bis nach Erfurt. Aufgrund ihrer relativ geringen Motorleistung fingen sie sich bald den Spitznamen „Der lahme Schweinfurter" ein und wurden von der Rampenstrecke über Oberhof wieder abgezogen. Als neues Einsatzgebiet kam die Werrabahn hinzu. In wenigen Augenblicken wird am 14. Oktober 1996 die RB 7820 (KBS 575, Meiningen – Eisenach) Wasungen erreichen. Foto: Bernd-Oliver Sydow

Oben: Die ersten Züge der Wernshausen – Schmalkaldener Eisenbahn dampften bereits am 1. April 1874 zwischen den genannten Orten. Erst 19 Jahre später erreichten die Gleise – als Querverbindung zwischen der Erfurt – Schweinfurter und der Werrabahn – den Ort Zella-Mehlis. Bei Viernau ist am 14. März 1987 die 112302 mit vier „Genickschußwagen" in Richtung Schmalkalden unterwegs. Foto: Rudolf Heym

Rechte Seite: Ein beliebtes Ziel ist der Rennsteig, ein alter Grenz- und Wanderweg zwischen Saale und Werra, der über den Kamm des Thüringer Waldes führt. Auf den hier gelegenen Strecken Erfurt – Ilmenau – Schleusingen – Themar (KBS 566), Suhl – Schleusingen (KBS 568) und Ilmenau – Großbreitenbach (KBS 567) waren bis zuletzt die vom Bw Erfurt eingesetzten 228 zuhause. Deren Ablösung sollte durch die steilstreckentauglichen 213 erfolgen. Ein hoher Schadbestand der DB V 100 bedingt nach wie vor den Einsatz der V 180. Die bekannte Stahlbrücke in Angelroda überquert am 4. Mai 1995 die 228 748, die mit N 14740 auf dem Weg nach Erfurt ist. Foto: Bernd-Oliver Sydow

Oben: Im Zuge der Erschließung des südlichen Thüringer Waldes durch die Preußisch-Hessische Staatseisenbahn wurde am 1. April 1910 das Streckenteilstück Sonneberg – Effelder in Betrieb genommen. Im Verlauf dieser an Kunstbauten reichen Strecke zeigt sich heute noch der Viadukt in Sonneberg-West (KBS 569) in seiner ganzen Schönheit. Die 219 195 eilt mit ihrer bunten Garnitur, der RB 14920, am 24. Februar 1996 ihrem Ziel Meiningen entgegen. Foto Thomas Menzel

Rechte Seite: Auf dem 23,2 Kilometer langen Abschnitt Probstzella (343 m NN) – Ernstthal am Rennsteig (769 m NN) sind 426 Höhenmeter zu überwinden. Am 15. September 1991 müht sich die 119 136 mit dem P 18003 bei Gräfenthal (KBS 566/564 Saalfeld – Sonneberg) den Anstieg zum Rennsteig hinauf. Den Reisenden und dem Fotografen bietet sich ein herrlicher Ausblick auf die Wälder und Höhenzüge des Thüringer Schiefergebirges. Foto: Georg Wagner

201 577-4

Linke Seite: Die 201577 hat mit dem N 8358 am 2. Juni 1992 den Bahnhof von Greiz (KBS 543) fast erreicht. Die Nahverkehrszüge der Reichsbahn sind kurz geworden, lediglich ein einziger vierachsiger Rekowagen steht an diesem Tag den Reisenden von Neumark nach Greiz zur Verfügung. Vergleichsweise jung ist dagegen der Packwagen. In zwei Bauserien 1956 und 1959 entstand die damalige Gattung Pwgs 88. Als Güterzuggepäckwagen gebaut, wanderten sie jedoch recht bald in den Reisezugdienst ab und prägten häufig das Bild der Reisezüge auf vielen Nebenstrecken. Ende 1992 standen noch einige Exemplare im Einsatz. Die beiden Güterwagen im Vordergrund haben das Rentenalter bereits um einige Jahre überschritten und befinden sich inzwischen im Privatbesitz eines Eisenbahnfreundes. Foto: Gerhard Bank

Oben: Keine Anstrengung bedeutet das leere Anhängsel für die 220290, die sich in Greiz am 2. Juni 1992 den Berg „hinaufmüht". Neben den wenigen Einsätzen im Elstertal ist diese Übergabe die einzige Leistung der Geraer 220 auf der Kursbuchstrecke 543 Greiz – Neumark (Sachsen). Die letzte V 200 ist offiziell zwei Jahre später von Reichsbahngleisen verschwunden. Foto: Gerhard Bank

Linke Seite: Im Frühjahr 1996 zeigte der nicht enden wollende Winter auch auf der Bleilochtalsperre seine Spuren. Bis zu den Ufern ist der Stausee zugefroren, dessen Seitenarm bei Gräfenwarth von der kombinierten Wetteraubrücke überquert wird. Am 16. April 1996 ist die 202 633 mit der RB 8659 (KBS 542, Saalburg – Schleiz) auf dem Weg nach Schleiz. Zu diesem Zeitpunkt ist das Schicksal der ehemals elektrisch betriebenen Eisenbahn bereits besiegelt, mit dem folgenden Fahrplanwechsel wird der Reiseverkehr eingestellt. An den bis zum Mai 1969 durchgeführten elektrischen Betrieb erinnern heute die vereinzelt stehengebliebenen Oberleitungsmasten. Foto: Bernd-Oliver Sydow

Oben: Nur für wenige Sekunden bricht am 21. Oktober 1995 der wolkenverhangene Himmel in Meuselwitz auf. In eine eindrucks- und stimmungsvolle Szenerie versetzt, verläßt der 772 109 und sein Beiwagen 972 709 (RB 7057 Zeitz – Altenburg, KBS 553) den Bahnhof Meuselwitz. Unumstrittener Glückspilz an diesem Tag war Bernd-Oliver Sydow.

Oben: Der im Leipziger Braunkohlerevier gelegene Bahnhof Borna (KBS 505/507) war ein Wendepunkt der vom Bw Chemnitz eingesetzten Lokomotiven der Baureihe V 180. Im Jahresfahrplan 1991/1992 gehörten, neben einem fallweise in Doppeltraktion zu bespannenden Kesselwagenzug, die über Geithain von und nach Chemnitz verkehrenden Personenzüge zu den Planleistungen dieser Lokomotiven. Die 118 777 ist am 18. September 1991 in diesem Umlauf eingesetzt und wartet mit dem P 4705 auf den Abfahrauftrag. Der Einsatz der fünfteiligen Doppelstockgliederzüge ist zu diesem Zeitpunkt bereits eine Rarität. Foto: Gerhard Bank

Oben: Die Schmalspurbahn Oschatz – Mügeln – Kemmlitz, ist bzw. war oftmals ein Ausgangspunkt für einen Besuch der sächsischen Schmalspurbahnen. An der Einfahrt zum Bahnhof Oschatz wurde bei entsprechender Last den von Mügeln kommenden Zügen die vorort rangierende IV-K vorgespannt. Am 31. März 1989 zieht jedoch die 106 743 mit ihrer Übergabe die Aufmerksamkeit eines Fotografen auf sich. Zu diesem Zeitpunkt sind Trabbi, Barkas, Simson Alltag auf den Straßen im Osten Deutschlands. Für den heutigen Zeitpunkt bereits „ostalgisch", ereignet sich eine fast perfekte Barkas-Trabbi-Kreuzung auf den leeren Oschatzer Straßen. Foto: Oliver Wunder

Linke Seite: Aus ungewöhnlicher Perspektive fotografierte Gunter von Hertwig am 25. März 1985 dieses filigrane Bauwerk in Königsbrück (KBS 303/239, Straßgräbchen-Bernsdorf – Dresden-Klotzsche). Aus Richtung Straßgräbchen-Bernsdorf kommend, rumpelt die 106843 mit ihrem Zug über die bekannte Brücke. Die sächsische Staatseisenbahn nahm zunächst am 17. Oktober 1884 den Betrieb auf dem Abschnitt Klotzsche – Königsbrück auf. Die Schmalspurbahn wurde vom August 1896 bis zum März 1897 auf Regelspur umgebaut. Die Verlängerung bis Schwepnitz erfolgte 1899. Einen Erlaß des preußischen Ministeriums der öffentlichen Arbeiten aus dem Jahr 1910 setzte die Deutsche Reichsbahn 1934 um: der Anschluß in Straßgräbchen-Bernsdorf an die Verbindung Ruhland – Kamenz – Arnsdorf.

Oben: Bei der Reichsbahn bestimmten im vorletzten Jahrzehnt des 20. Jahrhunderts hauptsächlich die zahlreichen Lokomotiven der BR 50.35 und 52.80 das Erscheinungsbild der Dampflokomotive. Denn nur noch wenige Exemplare der Baureihen 01, 01.5, 03, 41, 44, 50, 52 und 86 standen Anfang der achtziger Jahre im Plandienst. Die auf die vielen Dienststellen der DR verteilten Lokomotiven erbrachten insgesamt jedoch nur einen kleinen Teil der Transportleistungen.
Die beim Bw Kamenz stationierte 52 8009 räuchert auf der Fahrt nach Dresden-Klotzsche am 22. März 1986 durch Ottendorf-Okrilla. Auf dem damals leeren Platz am Gasthof zum goldenen Ring bestimmen heute Recycling-Container und ein Imbiß das Tagesbild. Foto: Andreas Burger

Links: Manche Planlokomotive der DR wurde von ihrem Stammpersonal liebvoll in Schuß gehalten. Zeitig vor Dienstbeginn beziehungsweise nach Dienstende wurden die Maschinen auf Hochglanz poliert oder mit frischer Farbe verschönt. So präsentiert sich am 1. Juni 1991 die 110 007 im vorbildlichen Zustand an der Freiberger Mulde. Sie ist mit dem P 17710 von Holzau kommend auf dem Weg nach Freiberg (KBS 415/514). Foto: Gerhard Bank

Rechte Seite: Die Eröffnung der Bahnlinie Chemnitz – Borna b. Leipzig brachte Wittgensdorf am 8. April 1872 seinen oberen Bahnhof westlich des Ortes. Dreißig Jahre später wurde entlang des Flusses Chemnitz die Nebenbahn Wechselburg – Glösa – Chemnitz gebaut und bescherte den Wittgensdorfern ihren unteren Bahnhof (KBS 431/527). Diesen hat die 112 880 am 28. September 1991 mit ihrem Doppelstockzug (P 17755) gerade verlassen und legt die letzten Kilometer der Reise von Rochlitz nach Chemnitz zurück. Foto: Gerhard Bank

Oben: Eine fotofreundliche Tageszeit, seltene Ausfälle und großzügige Rangierhalte in Leisnig, Döbeln und Roßwein: der vom Bw Nossen zu bespannende Nahgüterzug 61345 Großbothen – Nossen war bei den Eisenbahnfreunden eine sehr beliebte Leistung. Am 25. Oktober 1986 ist im Muldetal bei Leisnig (KBS 330/506) 503603 mit diesem Zug unterwegs. Auch heute findet man hier zahlreiche Fotomotive. Foto: Gunter von Hartwig
Rechte Seite: Es war sicherlich kein Anlaß zur Freude, als am 2. Juni 1985 bei Amerika (KBS 432/529) die 118 727 mit dem Sandzug im wahrsten Sinne des Wortes um die Kurve brummt. Der Güterzug 56353 Sermuth – Glauchau war eigentlich planmäßig mit einer Rochlitzer 50.35 bespannt, die nur bei Ausfall durch die dieselnde Konkurrenz ersetzt wurde. So ist dieses Foto heute ein seltenes Bilddokument, denn damals bestand wenig Interesse an den allgegenwärtigen Vertretern moderner Traktion. Foto: Gunter von Hartwig

22
5
118 727-7

202 527-8

Linke Seite: Mit Nachdruck zeigt sich am 1. Mai 1993 das erste Grün im Vogtland. So wie die 202 527 mit ihrem Zug N 8307 (Gera – Weischlitz) rollen seit dem 8. September 1875 Züge durch das Tal der Weißen Elster. Die Aufnahme entstand bei Barthmühle (KBS 541) und zeigt im Hintergrund den Elstertal-Viadukt, auf dem die Strecke Hof – Dresden (KBS 545) die Elster überquert. Foto: Georg Wagner

Oben: In Zwotental (KBS 539, Reichenbach – Herlasgrün – Falkenstein – Klingenthal/Adorf) gibt es am 7. Juni 1996 noch Arbeit für die Eisenbahner, so auch die Bedienung der Schranken, als die 201 165 mit ihrem Zug am fotogenen Stellwerk vorbeizieht. Zur Dampflokzeit hätte die im Wind flatternde Wäsche sicherlich das Lokpersonal dazu verleitet, diese mit einer Rußwolke zu verqualmen. Foto: Oliver Austen

Linke Seite: Gut zu Fuß war Peter Bäuchle, als er am 9. September 1987 den N 7918 in Gestalt von 798 641 und zwei Beiwagen aufnahm. Die Landschaft westlich von Tirschenreuth (ex KBS 856, Wiesau – Bärnau) im Oberpfälzer Wald ist geprägt von unzähligen Fischteichen und ist fast nur per pedes zu erreichen. Heute „stört" allerdings kein Triebwagengebrumm mehr die Wanderer und Fischer, denn die 1872 von der Bayerischen Ostbahn eröffnete Strecke ist inzwischen stillgelegt.

Oben: Noch zu Beginn der achtziger Jahre fanden die V 100 des Bw Schwandorf auf den Nebenbahnen rund um ihre Dienststelle ein reiches Betätigungsfeld. Als sich am 16. August 1982 die von der 211 203 geführte Übergabe 67900 bei Rosenthal in die Kurve legt, ruht der Reiseverkehr zwischen Nabburg und Schönsee/Oberpfalz (ex KBS 859) bereits seit den siebziger Jahren. Auch der Güterverkehr ist Geschichte, und der Einschnitt bei Rosenthal ist Teil des Aschautal-Radweges. Foto: Udo Kandler

260 248-0

Linke Seite: Die Nebenbahn Falls – Gefrees (ex KBS 419k) galt lange Zeit als eine Art Geheimtip unter den Eisenbahnfreunden. Hier gab es bis zum Beginn des Winterfahrplans 1973 noch echte Nebenbahnromantik. Eine V 60 vor einem Plattformwagen, so sahen auf dieser landschaftlich reizvollen Strecke die letzten Reisezüge aus. Auch nach dem Ende des Schienenpersonenverkehrs blieben die V 60 dieser Schiene treu. Jahrelang fuhren sie werktäglich einmal von Kulmbach über die Schiefe Ebene nach Falls, um von dort die Stichstrecke nach Gefrees zu bedienen. Den kleinen Viadukt bei Böseneck überquert am 21. August 1987 die 260 248. Für den örtlichen Landhandel im Endbahnhof sind die Schüttgutwagen bestimmt. Sie werden dort für eine der Kulmbacher Brauereien mit Weizen beladen. An der Brücke wird man heute vergebens auf diesen Zug warten, denn die Strecke wurde zum 31. Dezember 1993 stillgelegt. Foto: Josef Högemann

Oben: Ein Modellbahner wäre mit einer Dreifachparallel-Ausfahrt auf seiner Anlage ausgelacht worden. Der Hausberg des Luftkurorts Zwiesel, der 1312 m hohe „Große Falkenstein", beobachtete auf der „Zwieseler Spinne" als stiller Zeuge von Hans-Jürgen Hackl dieses seltene Geschehen: die 211 045 mit dem N 8468 nach Bodenmais (KBS 869/907), die 211 048 mit dem N 7465 nach Plattling (KBS 865/905) und die 211 038 mit dem N 6465 nach Grafenau (KBS 868/906) liefern sich, weil verspätet, am 13. Mai 1993 ein außerfahrplanmäßiges Wettrennen.

1988 besuchte der ET 491 im Rahmen der Aktion der „Gläserne Wald" mehrmals Zielorte im Bayerischen Wald. Von München aus erreichte er, ab Plattling im Schlepp einer 211, unter anderem mehrmals Bayerisch Eisenstein, Grafenau, Frauenau, Bodenmais sowie über die Regentalbahn Kötzting und Lam. Am 31. August 1988 standen der Glasmacherort Frauenau und der Grenzbahnhof Bayerisch Eisenstein auf dem Besuchsprogramm. Auf der Rückreise von Frauenau (KBS 868/906) passieren der Triebwagen und seine Hofer Zuglok 211 054 die Stadtkulisse von Zwiesel. Die 1898 im neugotischen Stil geweihte Pfarrkirche Sankt Nikolaus besitzt mit ihrem 86 m hohen Turm den höchsten im Bistum Passau. Nach dem bitteren Ende des „Gläsernen Zuges", am 12. Dezember 1995 in Garmisch-Partenkirchen, sind nur schöne Erinnerungen und einige Fotos des attraktiven Triebwagen verblieben. Foto: Hans-Jürgen Hackl

Oben: In der Woche vom 26. – 31. Januar 1987 hatte es im Bayerischen Wald kräftig geschneit und den Plattlinger Schneeräumgeräten einen pausenlosen Einsatz beschert. Zunächst notdürftig freigehalten, nutzte man die Wochenendruhe auf der Strecke Zwiesel – Grafenau, um diese gründlich vom gefallenen Neuschnee freizuräumen. Am 1. Februar 1987 herrschte bei strahlendem Sonnenschein eine eisige Kälte. Das Thermometer war in der vorhergehenden Nacht auf unter 20 Grad minus gefallen. Um den Gleiskörper weiträumig freizuräumen, drückten die ausgefahrenen Seiten-Pflugscharen des von der 211 046 gezogenen Beilhack-Schneepfluges den gefrorenen Schnee von den Gleisrändern in die Gleismitte. Eine knappe Viertelstunde später arbeitete sich die Schneefräse, von der 211 059 geschoben, den Klingenbrunner Berg hinauf. Im hohen Bogen fliegt die weiße Pracht davon, und das schneeumhüllte Gespann folgt dem Schneepflug in Richtung Grafenau. Foto: Hans-Jürgen Hackl

Oben: Der einmal jährlich verkehrende Gleißmeßtriebwagen erinnert für kurze Zeit an den dreißigjährigen Einsatz der Schienenbusse zwischen Zwiesel und Bodenmais (KBS 869/907). Seit Mai 1987 haben hier, bis zur Ablösung durch Fahrzeuge der Regentalbahn, Wendezüge die Personenbeförderung übernommen. Über die den Schwarzachbach querende Natursteinbrücke knattern am 11. Juni 1987 die 725 002 (ex 798 676) und 726 002. Das Gespann ist beim ehemaligen Bahnhof Langdorf auf dem Weg nach Bodenmais. Von dieser Strecke ist aus der Vorweihnachtszeit 1947 folgende Geschichte überliefert: Zwieseler Eisenbahner waren mit einem „Bubikopf" zum Organisieren eines Christbaums ausgerückt. Auf dem höchsten Punkt der Strecke, dem Haltepunkt Böhmhof, hielt man Ausschau nach ansehnlichen Exemplaren. Im Eifer vergaß man jedoch, die 64er mit der Handbremse zu sichern. Nachdem sich der Hauptluftbehälter entleert hatte, rollte die Maschine ohne ihr Personal talwärts Richtung Zwiesel. Die Geisterlok kam aufgrund der nachfolgenden Steigung unbeschädigt und ohne Schaden anzurichten an der tiefsten Stelle der Strecke pendelnd zum Stehen. Nach längerer Suche fanden die Christbaumdiebe ihre Maschine wieder, die nach einigen Anstrengungen wieder fahrbereit war. Ohne weiteres Aufsehen kehrte man nach Bodenmais zurück. Hier stellte man den Ausreißer im Lokschuppen bis zum nächsten Dienst ab. Foto: Hans-Jürgen Hackl

Rechte Seite: Das Vorland des Bayerischen Waldes, am östlichen Donauufer gelegen, blieb lange ohne Eisenbahn. Mit dem 1. August 1914 war die Querverbindung Deggendorf – Hengersberg – Eging – Kalteneck (ex KBS 876) zwischen den längst bestehenden Strecken Plattling – Bayerisch Eisenstein und Passau – Freyung durchgehend befahrbar. Als am 15. September 1978 die 211 202 mit der Übergabe 67424 (Kalteneck – Deggendorf) Fürstenstein erreicht, ruht bereits der Personennahverkehr zwischen Kalteneck und Eging. Das nördliche Streckenstück von Deggendorf nach Eging wurde drei Jahre später vom gleichen Schicksal ereilt. Der Güterverkehr ist hier jedoch erhalten geblieben. Foto: Georg Wagner

211 202-7
41
L

Linke Seite: Während am 18. Februar 1983 bei Saal (KBS 873/992) ein Wintersportler auf der dicken Eisdecke eines Donaualtwassers seine Runden dreht, ist die Altbaulellok 194 574 mit dem N 4188 auf dem Weg von Regensburg nach Ingolstadt. Die 1954 in Dienst gestellte Lok gehörte zum ersten Beschaffungsprogramm der DB, das insgesamt 43 Maschinen dieser Baureihe umfaßte. Einige dieser Lokomotiven wurden mit einer stärkeren elektrischen Ausrüstung versehen und als E 94.2 bezeichnet. Nachdem die Höchstgeschwindigkeit bei den Lokomotiven auf 100 Stundenkilometer heraufgesetzt wurde, erfolgte 1970 die Umzeichnung zur 194.5. 194 574 gehörte mit zu den letzten aktiven „Eisenschweinen“ der DB, die bis zum Sommerfahrplan 1988 im Plandienst standen. Ihre Ausmusterung erfolgte am 28. Juli 1988. Foto: Bernd Eisenschink

Oben: Nur an Samstagen verkehrte der planmäßig mit einer 118 bespannte Nahgüterzug 63223 von Nördlingen nach Donauwörth (KBS 883/995). Beim Weiler Maggenhof hat am 21. August 1982 die 118 025 mit ihrem kleinen Zug den Bahnhof Wörnitzstein hinter sich gelassen. Fast ein Jahr später, im Mai 1983, scheidet die Lok aus dem Betriebsdienst aus. Die Ära der blauen „Edelrenner“ endet endgültig 1984 im Bw Würzburg. Foto: Bernd Eisenschink

Oben: Auf der ehemaligen KBS 413e Ingolstadt – Riedenburg ist am 8. Oktober 1979 die 290210 mit der Übergabe 68743 zwischen Altmannstein und Sandersdorf auf dem Weg nach Ingolstadt. Umweltfreundlich reisen hier nicht nur die Zuckerrüben auf der 1904 von der Bayerischen Staatseisenbahn errichteten Eisenbahn. Foto: Georg Wagner

Rechte Seite: Nach der Wiederaufnahme der direkten Zugverbindung zwischen Rosenheim und Mühldorf/Inn (KBS 944) am 29. Mai 1994 und der Einführung des zweiten bayerischen Taktfahrplans („Linienstern Mühldorf") sind mehrmals täglich Fahrzeugtreffen im Bahnhof von Wasserburg Bf. mit Zügen aus Rosenheim, Mühldorf und Ebersberg zu beobachten. Am Abend des 20. November 1994 finden sich der fast fabrikneue 628574 und sein schon annähernd 40 Jahre älterer Vorgänger 798610 zu einem Stelldichein zusammen. Foto: Bernd Eisenschink

3
Richtung
Rosenheim
Richtung
Ebersberg
2
DB

Oben: Der Schienenbus 798632 ist sichtlich am Abend seiner Tage angelangt. Am 17. Juli 1994 hat er bei Geschwendt (N 15409, Ebersberg – Wasserburg Bf) sein Ziel Edling bald erreicht. Die Natur hat sich den Schienenstrang scheinbar zurückerobert und die Gleise der Kursbuchstrecke 948 fast verdeckt. Ein Dammrutsch beendete den Schienenverkehr auf dem östlichen Streckenabschnitt Wasserburg Bf – Wasserburg Stadt im Winterfahrplan 1986/87. Foto: Markus Wohlfart
Rechte Seite: Die eingleisige elektrifizierte Strecke Rosenheim – Holzkirchen (KBS 957/958) hat nicht nur regionale Bedeutung für das „Oberland". Sie dient ebenfalls als überregionale Umleiterverbindung für die Fernbahn von München nach Rosenheim. Über die Mangfallbahn werden jedoch auch planmäßig Güterzüge geführt. Eine dieser Leistungen war der Dg 49882 aus Salzburg-Gnigl, der am 16. Dezember 1982 mit der Ingolstädter 194131 den kleinen Ort Föching passiert. Foto: B. Eisenschink

194 131-9
2
2

Linke Seite: Fast fünf Jahrzehnte waren die Lokomotiven der Baureihe E 44.5 zwischen Freilassing und Berchtesgaden (KBS 950/954) zu Hause. Bei Bischofswiesen trennen am 8. Juli 1980 die 144 507 mit dem N 5507 nur noch wenige Kilometer von ihrem Ziel Berchtesgaden. Aus der Ferne grüßt das Latten-Gebirge. Foto: Georg Wagner

Oben: In der winterlichen Vorweihnachtszeit befördert am 13. Dezember 1981 die 144 507 einen Nahverkehrszug nach Berchtesgaden. Um den Oldtimer bei Bischofswiesen abzulichten, ist an diesem Tag Ulrich Wehmeyer bis zu den Knien im Schnee versunken. Bereits im folgenden Jahr endete am 25. September 1982 der Planeinsatz dieser Lokomotivbaureihe. Lediglich 144 502 und 504 wurden noch als Reserveloks für den Winterfahrplan 1982/83 vorgehalten und mit den z-gestellten 144 505 und 507 am 25. September 1983 ausgemustert.

169 005-6
DB
169 00

Die Geschichte der Altbau-Elloks der Baureihe E 69 ist mit ihrer Haus- und Hofstrecke Murnau – Oberammergau (KBS 963) eng verknüpft. Auf Initiative eines Kohlgruber Geschäftsmanns legte die Dresdener Aktien-Gesellschaft Elektrizitätswerke vorm. O.L. Kummer & Co den Grundstein für die erste in Deutschland mit Wechselstrom betriebene Eisenbahn. Nachdem die Betreiberin in Folge hoher Baukosten in Konkurs gegangen war, erwarb 1903 die Lokalbahn-Aktiengesellschaft (LAG) die zur Jahrhundertwende (5. April 1900) eröffnete Nebenbahn. Zunächst mit einer zweipoligen Drehstrom-Oberleitung ausgerüstet, entschied sich die LAG aus Kostengründen für den Umbau auf Wechselstrombetrieb mit 5,5 kV und 16 Hz. Am 1. Januar 1905 wurde der elektrische Betrieb aufgenommen. Für den Güterverkehr bestellte man mit der Zeit insgesamt fünf zweiachsige Lokomotiven, die 1906, 1909, 1912, 1922 und 1930 in als LAG 1–5 Betrieb genommen wurden. Diese trugen in Reihenfolge folgende Namen: Katharina, Pauline, Hermine, Johanna und Adolfine. Mit der Verstaatlichung erfolgte 1938 der Anschluß an die Deutsche Reichsbahn. Man bezeichnete die Lokomotiven nun als Baureihe E 69. Mit der beschlossenen Modernisierung der elektrischen Betriebseinrichtungen erfolgte 1953 auch der Umbau von E 69 05 auf die bundesbahnübliche Stromversorgung mit 15 kV und 16–2/3 Hz. Mit der Einführung der neuen Stromart stellte man 1954 zunächst E 69 01–04 ab. Mit Ausnahme von E 69 01 (ausgemustert zum 25. November 1954) erfolgte deren Wiederinbetriebnahme im Frühjahr 1955. Als nächste Lok schied 1977 die 169 004 infolge ihres schlechten Allgemeinzustandes aus dem Einsatzbestand und diente ihrer Schwesterlok 169 003 als Ersatzteilspender. Die zunehmenden Altersschwächen und die moderne Konkurrenz beschieden endgültig das Schicksal dieser Baureihe. Zum Winterfahrplan 1981/82 hieß es Abschied nehmen von diesen eigentümlichen Oldtimern.

Linke Seite: Am 9. Dezember 1980 begegnen sich im Bahnhof Grafenaschau die 169 005 mit der Übergabe 67663 sowie die 169 003 mit dem N 6606 Oberammergau – Murnau. Heute sind aufgrund der Rückbaumaßnahmen Kreuzungen auf der Strecke planmäßig nur in Bad Kohlgrub möglich.

Oben: Als Ersatz für die schadhafte 169 005 bespannte am 5. Januar 1981 die 169 002 das Übergabezugpaar 67663/67664 von Murnau nach Oberammergau und retour. Unweit von Saulgrub ist die Übergabe 67664 in der märchenhaften Winterlandschaft unterwegs. Fotos: Bernd Eisenschink

Oben: Längst passé ist bei der Deutschen Bundesbahn die planmäßige Führung von Güterzügen mit Personenbeförderung (GmP). Auf der Kammeltalbahn von Mindelheim nach Günzburg (KBS 986/978) waren dem Zug 6876 (Krumbach – Günzburg) immer mehrere Güterwagen beigestellt. Der maximal 22 Promille Steigung aufweisende Abschnitt zwischen Neuburg an der Kammel und Ellzee hat in Verbindung mit den engen Radien gerade bei ungünstigen Witterungsverhältnissen schon manchen Lokführer ins Schwitzen gebracht. Mit den 16 Achsen ist am 3. September 1982 die Augsburger 212 069 nur wenig gefordert. Foto: Bernd Eisenschink

Insgesamt 182560 ccm Hubraum beförderten am 11. Oktober 1994 einen Güterwagen von Schongau nach Landsberg/Lech. Die Aufnahme bei Hohenfurch zeigt 212161 vom Bh Kempten/Allgäu und die Ulmer 215072, die mit dieser Leistung ihr südöstlichstes Einsatzgebiet erreichen. Der Hauptgüterkunde auf der im Juni 1984 für den Personennahverkehr stillgelegten Nebenbahn ist ein Papierhersteller in Schongau. Foto: Markus Wohlfart

DB

Linke Seite: Bei Füssen (KBS 974, Buchloe – Füssen) bietet sich ein herrlicher Ausblick auf die Ammergauer Alpen. Den herbstlichen Sonntag des 14. Oktober 1994 nutzen die Bauern, das Heu für den bevorstehenden Winter einzufahren. Der 628 102 hat die an der Lech und am Forggensee gelegene Stadt auf dem Weg in Richtung Kaufbeuren soeben verlassen. Die drei Prototypen der Bauserie 628 101–103 wurden 1981 und 1982 beschafft und sind in Kempten beheimatet. Foto: Michael Hubrich

Oben: Die Strecke von Nördlingen nach Dombühl (KBS 885) ist als letzte ihrer Art noch mit bayerischen Flügelsignalen ausgerüstet. Am Rande des landschaftlich reizvollen Nördlinger Ries gelegen, betreibt heute hier das Bayerische Eisenbahnmuseum e.V. eine dampfbetriebene Museumsbahn (KBS 12989). Am 4. Juni 1983 hat das Augsburger Gespann 515 020 und 815 703 Fremdingen verlassen und ist als N 6147 auf dem Weg nach Nördlingen. Foto: Bernd Eisenschink

Oben: Eine Besonderheit bei der DB war der Transport von Regelspurwagen auf Rollböcken. Die einzig verbliebene Strecke mit 750 mm Spurweite auf dem Festland war die bis zu ihrer Stillegung am 31. März 1983 betriebene Schmalspurbahn Warthausen – Ochsenhausen. Bei Reinstetten ist am 26. März 1982 die 251903 mit der Übergabe 69721 auf dem Weg nach Ochsenhausen. Zunächst im Fortbestand gefährdet, gelang es engagierten Eisenbahnfreunden, das „Öchsle" als Museumsbahn zu erhalten. 1899 von der Württembergischen Staatseisenbahn in Betrieb genommen, wird sie im Kursbuch der DB AG als KBS 12752 geführt. Foto: Bernd Eisenschink

Oben: Unverhofft kommt oft: Vor dem erwarteten Eilzug 3355 Immendingen – Ulm rasselt am 26. September 1986 die Kleinlok 332246 mit ihrer Übergabe unter der Signalbrücke in Thiergarten (KBS 755) durch. Der verlegte Kabelkanal läßt bereits erahnen, daß die Tage der alten Technik gezählt sind. Kurze Zeit später ist der Bahnhof Thiergarten aufgelassen, die Flügelsignale demontiert, die Telegrafenleitung gegen ein Kabel ausgewechselt und die handbedienten Schranken durch einen automatischen Bahnübergang ersetzt. Foto: Gerhard Bank

Linke Seite: Im Oktober 1989 ist bei Oppenau (KBS 717/718, Offenburg – Bad Griesbach) im Renchtal eine sechsteilige „Currywurst“ unterwegs. Erst 1933 und nach insgesamt 57 Jahren Bauzeit erreichte der Schienenstrang Bad Griesbach im Schwarzwald. Foto: Michael de Clerque
Oben: Der N 4580 Donaueschingen – Freiburg (KBS 727) bewältigt auf seiner 76 Kilometer langen Fahrt von der Donau über den Schwarzwald in den Breisgau mehr als 800 Höhenmeter. Den spektakulärsten Teil durch das Höllental hat der Zug bereits zurückgelegt. Am 10. September 1978 passiert 145172 mit ihrer Garnitur das Einfahrtsignal des Bahnhofs Himmelreich. Foto: Georg Wagner

Seite 136: Acht Fahrzeuge der Baureihe 627 wurden 1974 von der Deutschen Bundesbahn beschafft, die zwischen 1984 und 1987 auf herkömmliche Zug- und Stoßvorrichtungen umgebaut wurden. Ursprünglich als Nachfolger für die Schienenbusse der Reihen 795 und 798 gedacht, unterblieb die Serienbeschaffung zugunsten der Baureihe 628. Im Kinzigtal zwischen Schiltach und Halbmeil (KBS 721, Hausach – Freudenstadt) ist am Abend des 26. Juli 1988 der 627001 als E 3733 unterwegs. Seit 1985 sind diese Fahrzeuge im Schwarzwald im Einsatz. Die 627001 und 002 weilten sogar vorübergehend zur Erprobung in Schweden. Foto: Michael Hubrich

Seite 137: Von Rastatt aus führt die 58 Kilometer lange Murgtalbahn bis nach Freudenstadt. Zur Dampflokzeit war der Steilstreckenabschnitt zwischen den Bahnhöfen Baiersbronn und Freudenstadt ein beliebtes Ziel. Heute ist die KBS 713/716 bei den Fotografen wegen ihrer landschaftlichen Reize bekannt. Auf dem eher unspektakulären Abschnitt zwischen Röt und Huzenbach zieht am 20. Juli 1988 die 218299 den E 3704 an zwei winkenden Wanderern vorbei. Dafür, daß viele Eisenbahner einen solchen Gruß nicht nur beantworten, sondern auch für Wünsche der Eisenbahnfreunde ein offenes Ohr haben, sei ihnen an dieser Stelle gedankt. Foto: Michael Hubrich

218 299

Oben: Auf der Schwäbischen Alb genießt am 30. Juni 1980 der Lokführer sichtlich die Fahrt von Metzingen nach Bad Urach (ex KBS 761). Die 260543 befördert an diesem Tag die Übergabe 69231 auf der Ermstalbahn. Foto: G. Wagner

Rechte Seite: Mit einer schönen Garnitur ist am 29. Juni 1978 die 211 043 zwischen Fornsbach und Fichtenberg (KBS 785/784, Stuttgart – Crailsheim – Nürnberg) unterwegs. 73 Kilometer führt der Zugweg von N 5787 Stuttgart Hbf – Schwäbisch Hall über die Murrbahn bis Schwäbisch Hall-Hessental. In der Fahrplanperiode 1996/97 sind auf diesem Abschnitt von ehemals 22 Zusteigebahnhöfen noch 10 verblieben. Foto: Georg Wagner

Oben: Bei Mittelrot (KBS 784) legt sich am 11. Juli 1991 der von 218228 geführte E 3102 von Nürnberg nach Stuttgart schwungvoll in die Kurve. Die alte Pracht der Telegrafenleitungen und -masten ist passé, mit der Elektrifizierung hat sich das Erscheinungsbild der Bahnlinie stark gewandelt. Foto: Michael Hafenrichter
Rechte Seite: Erfreulicherweise hat sich heute das Zugangebot auf der Enzbahn (KBS 775, Pforzheim – Bad Wildbad) fast verdoppelt. Als am 12. Oktober 1978 die 211 058 mit dem N 6083 in den Haltepunkt Neuenbürg Süd einfährt, verkehrten jedoch nur acht Züge werktäglich nach Bad Wildbad. Foto: Georg Wagner

211 058-3

Oben: Als am 16. Januar 1982 der von der Ulmer 215061 geführte N 7933 Heidelberg – Heilbronn seinen Zwischenhalt Hoffenheim (KBS 561/706) erreicht hat, gehört der Packwagen noch zum alltäglichen Erscheinungsbild der Eisenbahn. Bereits die Vorserienlokomotiven der Baureihe 215 wurden vom Bw Ulm ab 1968 im Streckendienst erprobt. Insgesamt 150 Exemplare beschaffte die Deutsche Bundesbahn bis 1971. Die 140 km/h schnellen Lokomotiven werden mit der Auslieferung der neuzubeschaffenden Triebwagen ihre Schwesterlokomotiven der BR 216 alsbald aus dem Betriebsdienst verdrängen. Foto: Ulrich Wehmeyer

Die Geschichte des „Retters der Nebenbahnen“ begann 1949 mit 10 Prototypen der Baureihe VT 95. In mehreren Baulosen wurden bis 1958 insgesamt 584 Trieb- und 570 Beiwagen von der DB beschafft. Bis Mitte der siebziger Jahre standen noch gut 800 Fahrzeuge im Betriebsdienst. Innerhalb sechs Jahren wurden die Triebwagen bis zum Sommer 1980 ausgemustert. Lediglich der 795 445 des Bw Köln-Nippes blieb für Personalfahrten im Dienst. Sein Einsatz endete im Oktober 1983. Ein Einsatzgebiet der 795 war bis zum Sommerfahrplan 1980 die Strecke Meckesheim – Aglasterhausen (KBS 562/707). Im Mai 1980 nutzte Rolf Houben die Gelegenheit, im Endbahnhof Aglasterhausen einen dieser Schienenbusse im Bild festzuhalten. Das Schicksal der Eisenbahn nahm einen ungewöhnlichen Verlauf. Von der DB aufgegeben und bis zur Übergabe des Betriebes am 11. Januar 1982 an die SWEG Lahr nur montags bis freitags im Personennahverkehr bedient, sind nun am Wochenende wieder erfolgreich Reisezüge eingesetzt.

Vorbei ist die Zeit der Eierköpfe, Blutblasen, Schaukelpferde und vieler anderer wohlvertrauter Fahrzeuge. Am 23. November 1993 wird zu nicht bekannter Tageszeit der 772 111 alsbald die Reise von Kranichfeld nach Weimar (KBS 579) antreten. Heute verkehren hier als Nachfolger der preußischen G 12, Reichsbahn-V 100 und „Ferkeltaxen" die Doppelstocktriebwagen der Baureihe 670. Bereits zur Stillegung vorgesehen, erbrachte die Einführung des Taktverkehrs auf der alten Bachstein-Bahn eine erfreuliche Steigerung der Fahrgastzahlen um 500%. Foto: Rudolf Heym

Literaturnachweis:

Bertelsmann Lexikon-Verlag, Gütersloh und München: Die DDR und Berlin, 1990;
F. A. Brockhaus, Wiesbaden: Der Volksbrockhaus, 1975;
Arbeitsgemeinschaft DREHSCHEIBE e. V., Köln: Ausgaben der Drehscheibe;
Horst-Werner Dumjahn Verlag, Mainz: Handbuch der deutschen Eisenbahnstrecken 1984;
EK-Verlag, Freiburg: verschiedene Jahrgänge des Eisenbahnkurier; DB-Triebfahrzeuge 1995, 1995; Deutsche Altbau-Elloks Teil 1 bis 3, 1993–1995; Die Akkutriebwagen der DB, 1989; B. Rampp/D. Bäzold/F. Lüdecke, Die Baureihe E 94, 1990; Die Schienenbusse der DB – VT95/VT 98, 1990; Die Triebfahrzeuge der Deutschen Bundesbahn 1984 und 1985; R. R. Rossberg, Grenze über deutschen Schienen 1945–1990, 1991;
Franckh-Kosmos Verlags-GmbH & Co, Stuttgart: G. Wagner, Mit Dampf durch Deutschland – Deutsche Reichsbahn, 1994;
Franckh'sche Verlagshandlung, Stuttgart: H. J. Obermayer, Taschenbuch Deutsche Diesellokomotiven, 1986;
GeraNova Zeitschriftenverlag GmbH München: Baureihe V 100, 1993;
Arbeitsgruppe Lok Report e. V., Münster: verschiedene Jahrgänge des LOK Report;
LOKRUNDSCHAU Verlag GmbH, Hamburg: verschiedene Jahrgänge der LOKRUNDSCHAU;
Mairs Geographischer Verlag: Ausgaben der deutschen Generalkarten;
Hermann Merker Verlag GmbH, Fürstenfeldbruck, die Sonderausgaben: U. Kandler, Eisenbahnen im Bayerischen Wald, 1996; U. Kandler, Lahntalbahn, 1989; H. J. Obermayer, Die Baureihe V 200, 1993;
Interessengemeinschaft Schienenverkehr e. V., Schwarzenbruck: Ausgaben des BAHN-REPORT;
transpress-Verlag, Berlin: R. Zesch, Triebwagenarchiv, 1993;
Vereinigte Oberpfälzische Druckereien und Verlagsanstalten GmbH Amberg-Weiden: Die Christbaumlokomotive, 1986;
Kursbücher der DB, DR und DB AG.